听专家田间讲课

豆类蔬菜病虫害诊断与防治

史梦竹　李建宇　傅建炜 等　编著

中国农业出版社

图书在版编目（CIP）数据

豆类蔬菜病虫害诊断与防治/史梦竹等编著．—北京：中国农业出版社，2017.3（2019.8 重印）
（听专家田间讲课）
ISBN 978-7-109-22695-1

Ⅰ．①豆… Ⅱ．①史… Ⅲ．①豆类蔬菜-病虫害防治-图解 Ⅳ．①S436.43-64

中国版本图书馆 CIP 数据核字(2017)第 000749 号

中国农业出版社出版
（北京市朝阳区麦子店街 18 号楼）
（邮政编码 100125）
策划编辑 阎莎莎 张洪光
文字编辑 阎莎莎

中农印务有限公司印刷 新华书店北京发行所发行
2017 年 3 月第 1 版 2019 年 8 月北京第 2 次印刷

开本：787mm×960mm 1/32 印张：3.5 插页：2
字数：45 千字
定价：15.00 元

编著者　史梦竹　李建宇　傅建炜
潘铭均　吴梅香　陈　江
何越超

出版说明

CHUBAN SHUOMING

保障国家粮食安全和实现农业现代化，最终还是要靠农民掌握科学技术的能力和水平。为了提高我国农民的科技水平和生产技能，向农民讲解最基本、最实用、最可操作、最适合农民文化程度、最易于农民掌握的种植业科学知识和技术方法，解决农民在生产中遇到的技术难题，中国农业出版社编辑出版了这套“听专家田间讲课”丛书。

把课堂从教室搬到田间，不是我们的最终目的，我们只是想架起专家与农民之间知识和技术传播的桥梁；也许明天会有越来越多的我们的读者走进校园，在教室里聆听教授讲课，接受更系统、更专业的农业生产知识与技术，但是“田间课堂”所讲授的内容，可能会给读者留下些许有用的启示。因为，她更像是一张张贴在村口和地头的明白纸，让你一看就懂，一学就会。

本套丛书选取粮食作物、经济作物、蔬菜和果树等作物种类，一本书讲解一种作物或一种技能。作者站在生产者的角度，结合自己教学、培训和技术推广的实践经验，一方面针对农业生产的现实意义介绍高产栽培方法和标准化生产技术，另一方面考虑到农民种田收入不高的实际问题，提出提高生产效益的有效方法。同时，为了便于读者阅读和掌握书中讲解的内容，我们采取了两种出版形式，一种是图文对照的彩图版图书，另一种是以文字为主插图为辅的袖珍版口袋书，力求满足从事农业生产和一线技术推广的广大从业者多方面的需求。

期待更多的农民朋友走进我们的田间课堂。

2016 年 6 月

前言

QIAN YAN

豆类蔬菜蛋白质含量丰富，有“植物肉”之称。此外，维生素、矿物质，尤其是钙、磷、铁的含量都较高，而且不含胆固醇，是理想的健康食品。因此，近年来豆类蔬菜的种植面积不断扩大，由于豆类蔬菜的种类繁多，病虫害种类也多种多样，病虫害防治难度较大。同时，在我国，菜农的科技文化水平普遍偏低，生产中很多时候凭借传统经验，不能够准确地识别病虫害种类，往往导致错误地防治和用药，不仅不能正确防治病虫害，还在一定程度上影响豆类蔬菜产业的健康发展。

为了帮助广大菜农直观地识别各种豆类蔬菜病虫害，有针对性地采取防治措施，提高防治效果，提升豆类蔬菜质量和安全，增加菜农的经济效益，应中国农业出版社之邀，我们编写了本书。本书把“课堂”搬到田间，围绕豆类蔬菜生产过程中常见的主要病虫害的识别及防治问题，阐述了豆类蔬菜24种病害、10种害虫的诊断与防治，对豆类蔬菜病害的发病症状、害虫的为害特征以及病虫害防治方法进行全面系统的介绍，以便读者更准确有效地诊断豆类蔬菜病虫害，并抓住时机进行防治。本书适合广大农民、专业种菜人员、植保技术员和有关科技人员使用。

本书编写人员主要有史梦竹、李建宇、傅建炜、潘铭均等。在编写过程中得到福建省农业科学院植物保护研究所、福州市植保植检站、福建省农业科学院数字农业研究所以及中国热带农业科学院环境与植物保护研究所等单位的大力支持和帮助；编写过程中，参考并引用一些专家的意见和观点，限于篇幅，不能一一列出，在此一并致谢。

由于编者水平有限，错误在所难免，敬请读者、同行批评指正。

编著者

2016年11月

目录

MU LU

第一部分 病害

一、菜豆、豇豆病害

1. 花叶病毒病

【为害对象】 主要为害豆科蔬菜及茄子、番茄、青椒等蔬菜。

【病原】 病毒性病害，主要由豇豆蚜传花叶病毒（CAMV）、蚕豆萎蔫病毒（BBMV）、黑眼豇豆花叶病毒（BLCMV）、黄瓜花叶病毒（CMV）、烟草花叶病毒（TMV）等侵染所致。

【识别症状】 苗期至成株期都可染病，病株叶片出现黄绿相间的花叶、斑驳，叶片皱缩、卷叶、畸形，植株矮化，生长明显受到抑制。轻病株能结荚，但豆荚较少。重病株不能结荚。

【侵染循环与发病规律】 病毒主要来源于越冬寄主植物和带毒种子。在生长期田间主要通过蚜虫进行非持久性传毒，病株汁液摩擦传染及田间农事操作，也是重要传毒途径。病毒发生与流行主要决定于传毒蚜虫发生数量，以及有利于蚜虫发生的环境条件。一般干旱年份蚜虫多，发病重。另外，与带毒寄主植物相邻的地块发病重。田间肥水条件差，管理粗放，植株生长不良，发病重。品种间抗性有差异，一般蔓生品种较矮生品种发病重。

【绿色防控技术】

(1) **农业防治**。选用抗病品种、进行种子检疫、播种前选种等措施，均可减少初侵染源，是防治病毒病最经济有效的方法。苗期及时拔除田间病株，清除田边灌木、杂草也可减少初侵染来源。调整播种期，使苗期避开蚜虫高峰期。

加强栽培管理，提高植株抗病力。多施腐熟优质有机肥，增施磷、钾肥，促进植株健壮生长。一般要求每亩[1]施腐熟堆肥或土杂肥 5 000 千克以上，过磷酸钙 40 千克，硫酸钾 10～15 千克作基肥，生长期还要及时追肥浇水，提高植株

① 亩为非法定计量单位，15 亩＝1 公顷。全书同。

抗性。

(2) **阻断传播媒介**。病毒病在田间主要通过迁飞的有翅蚜传播，且多是非持久性传播，因此采取避蚜或驱蚜（使有翅蚜不着落于大豆田）措施比防蚜措施效果好。目前最有效的方法是苗期即用银色膜覆盖土层，或银膜条间隔插在田间，有驱蚜避蚜作用，可在种子田使用。生长后期发生蚜虫，应及时喷施化学杀虫剂，在迁飞蚜出现前喷药效果最好。每亩用10%吡虫啉可湿性粉剂20克，或50%抗蚜威可湿性粉剂10克，或20%氰戊菊酯30毫升，或25%辛·氰60毫升对水50～60千克喷雾。并应注意几种杀蚜药剂交替使用，防止多次使用一种药剂，使蚜虫产生抗药性。

(3) **药剂防治**。用10%磷酸三钠浸种20～30分钟，洗净药液后播种，可预防病毒病。发病初期选用20%病毒克星400倍液，或20%病毒A可湿性粉剂500倍液，或1.5%植病灵乳剂1 000倍液，或抗毒剂1号250～300倍液喷雾，隔10天喷1次，连喷2～3次。

2. 炭疽病

【为害对象】 主要为害豆类、瓜类、辣椒、白菜、番茄等蔬菜。

【病原】炭疽病属真菌性病害，豆类炭疽病病原为菜豆炭疽菌（*Colletotrichum lindemuthianum*），属子囊菌无性型。

【识别症状】此病主要为害叶片、豆荚，偶尔为害茎。幼茎上生锈色小斑点，后扩大成短条锈斑，常使幼苗折倒枯死。成株发病，叶片染病初在叶上散生深红褐色小斑，后扩展为1～3毫米，中间浅褐色，边缘红褐色，病斑融合成大斑块，大小10毫米，病斑圆形至不规则形，多在叶脉范围内，病叶很少干枯。茎上病斑红褐色，稍凹陷，呈圆形或椭圆形，外缘有黑色轮纹，龟裂。潮湿时病斑上产生浅红色黏状物。豆荚染病开始产生红褐色至黑褐色小斑，后逐渐扩大，最后形成多角形或圆形斑，病斑中央灰色，四周红褐色。分布广，多零星发生，严重时病株率可达20%左右，在一定程度上影响产量。

【侵染循环与发病规律】病原菌在种子上越冬。带菌种子播种后会引起幼苗发病，发病幼苗上产生的病原菌借助雨水、昆虫等传播，病原菌也可在病残体内越冬，通过雨水飞溅传播到植株上，并从表皮侵入形成初侵染，病原菌经 4～7 天潜育后出现发病症状，病株上的病原菌可以形成再侵染。在大田中病原菌靠风雨、昆虫传播蔓延，从植株表皮和伤口侵入。病原菌在温度 17 ℃左右，湿度近 100%的条件下最易传播。当温度高于 27 ℃，相对湿度低于 92%时则很少发生。温凉多雨季节发病重，地势低洼窝风，种植过密的田块，容易发病。

【绿色防控技术】

(1) **选用抗病品种。**选用抗耐病品种，但由于炭疽病菌的高度变异性，新小种不断出现，抗病品种的抗性很容易丧失，导致利用抗病品种存在一定的局限性。

(2) **加强田间管理。**收获后及时清除病残体，以减少菌源。提倡使用酵素菌沤制的堆肥或生物有机复合肥。重病田实行 2～3 年轮作，适时早播，深度适宜，间苗时注意剔除病苗，加强肥水管理。

(3) **种子消毒。**播种前用 45 ℃的温水浸种 10 分钟，或用 40%福尔马林 200 倍液浸种 30 分钟，捞出，清水洗净晾干待播。也可用种子质量

0.3%左右的50%福美双可湿性粉剂拌种。

(4)药剂防治。发病初期开始喷药，可用50%甲基硫菌灵可湿性粉剂500倍液、80%福·福锌可湿性粉剂1 000倍液、25%咪鲜胺乳油1 000倍液、30%苯噻氰乳油1 000倍液或70%代森锰锌可湿性粉剂500倍液等药剂喷雾防治。喷药时间多在晴天9:00～10:00或16:00～17:00，中午温度高时不宜施药，以免发生药害。保护地也可用30%百菌清烟剂等熏烟防治，每亩用药量为250～300克。

3. 锈病

【为害对象】主要为害菜豆、豇豆、豌豆、小豆、扁豆和蚕豆等蔬菜。

【病原】锈病为真菌性病害，菜豆锈病病原菌为疣顶单胞锈菌（*Uromyces appendiculatus*）；豇豆锈病病原菌为豇豆单胞锈菌（*U. vignae*），均属担子菌。

【识别症状】主要为害叶片。在菜豆生长中后期发生，染病叶先出现许多分散的褪绿小点，后稍隆起呈黄褐色疱斑（病菌的夏孢子堆）。发病初期，叶背产生淡黄色的小斑点，疱斑表皮破裂散出锈褐色粉末状物（病菌的夏孢子）；夏孢子堆成熟后，或在生长晚期会长出或转变为黑褐色的冬孢子堆，其中生成许多冬孢子。叶柄和茎部染病，严重时为害叶柄、蔓、茎和豆荚。生出褐色长条状突起疱斑（夏孢子堆），后转变为黑褐色的冬孢子堆。豆荚染病与叶片相似，但夏孢子堆和冬孢子堆稍大些，病荚所结籽粒不饱满。表皮破裂，散出近锈色粉状物，通常叶背面发生较多，严重时锈粉覆满叶面。

【侵染循环与发病规律】 在北方寒冷地区，病菌为典型的全孢型单主寄生菌；但在南方温暖地区，特别是华南热带、亚热带地区，病菌只见夏孢子和冬孢子，主要以夏孢子越季，并作为初侵染与再侵染接种体，随气流传播。孢子从表皮气孔侵入致病，完成病害周年循环。前茬发病株上的夏孢子，就成为下茬植株锈病的初侵染源。在植株生长后期，病菌可形成冬孢子堆，但冬孢子在病害侵染中所起的作用并不重要。在广州地区，春植的远比秋植的锈病严重。本病菌又是一类专性寄生菌，寄生专化性强，可分化成许多形态相同而致病力不同的生理小种。种和品种间抗病性有差异。高温、多雨、雾大、露重、天气潮湿极有利于锈病流行。菜地低洼、土质黏重、耕作粗放、排水不良，或种植过密、插架引蔓不及时、田间通风透光状况差及施用过量氮肥，均有利于锈病的发生。

【绿色防控技术】

(1) **农业防治。**种植抗病品种。春播宜早，必要时可采用育苗移栽避病。清洁田园，加强管理，采用配方施肥技术，适当密植。

(2) **化学防治。**发病初期喷洒50%萎锈灵乳油800倍液、50%硫黄悬浮剂300倍液、25%丙环唑乳油3 000倍液、25%丙环唑乳油4 000倍液+15%三唑酮可湿性粉剂2 000倍液、15%三唑酮可湿性粉剂1 000~1 500倍液、70%代森锰锌可湿性粉剂1 000倍液+15%三唑酮可湿性粉剂2 000倍液、30%固体石硫合剂150倍液、12.5%烯唑醇可湿性粉剂4 000~5 000倍液，隔15天左右喷1次，防治1~2次。

4. 黑斑病

【为害对象】主要为害菜豆、豇豆、豌豆、小豆、扁豆和蚕豆等蔬菜。

【病原】黑斑病为真菌性病害，病原为黑链格孢（*Alternaria atrans*）和长喙生链格孢（*A. longirostrata*），均属子囊菌无性型。

【识别症状】主要为害叶片，初生针头大小的淡黄色斑点，逐渐扩大为圆形、不规则形病斑。病斑边缘齐整，周边带淡黄色，斑面呈褐色至赤褐色，其上遍布暗褐色至黑褐色霉层。病叶前端斑块多，有时连片，造成叶片枯焦。

【侵染循环与发病规律】北方、寒冷地区，两种病菌均以菌丝体和分生孢子丛随病残体在土中越冬。翌年产生分生孢子借助气流、雨水传播，进行初侵染和再侵染。南方冬天温暖地区，病菌在寄主上辗转传播为害，不存在越冬现象。在温暖高湿条件下发病较重。秋季多雨、多雾、重露利于病害发生，植株过密、通风差、湿度高的地块发病重。管理粗放，地块排水不良，肥水缺乏导致植株长势衰弱，密度过大等，均易加重病害。

【绿色防控技术】

（1）**农业防治。**合理密植，高垄栽培，合理施肥，适度灌水，雨后及时排水。保护地注意放风排湿。收获后清洁田园，及时清除病残体，集中销毁，减少菌源。重病地与非豆科植物进行2年以上轮作。

（2）**化学防治。**发病初期及时喷药，可用75%百菌清可湿性粉剂600倍液，或50%异菌脲可湿性粉剂1 500倍液，或58%瑞毒霉·锰锌可湿性粉剂500倍液，或64%杀毒矾可湿性粉剂500倍液等药剂喷雾，每7天左右1次，连续防治2～3次。也可选用烟熏剂熏烟，或喷撒粉尘剂。

5. 霜霉病

【为害对象】主要为害豆科、黄瓜、番茄等蔬菜作物的花、果实和叶片。

【病原】豆类霜霉病为卵菌病害，病原为东北霜霉［*Peronospora manshurica*（Naum.）Syd. ex Gaum.］，属卵菌。

【识别症状】病苗子叶无症状，第一对真叶从基部开始出现褪绿斑块，沿主脉及支脉蔓延，直至全叶褪绿。以后全株各叶片均出现症状。花期前后气候潮湿时，病斑背面密生灰色霉层，最后病叶变黄转褐而枯死。叶片受再侵染时，形成褪绿小斑点，以后变成褐色小点，背面产生霉层。受害重的叶片干枯，早期脱落。成株期病斑不规则形，病健界限不明显，叶背病斑密生灰白色霉层（孢子囊及孢囊梗），叶正面病斑初呈黄绿色，扩大后变成黄褐色或不规则形枯斑。豆荚被害，外部无明显症状，但荚内有很厚的黄色霉层，为病菌的卵孢子。被害籽粒色白而无光泽，表面附有一层黄白色粉末状卵孢子。

【侵染循环与发病规律】以卵孢子在病粒表面、病叶内越冬，带菌种子和病残体是病菌的初侵染源。在种子上越冬的卵孢子萌发产生游动孢子，游动孢子自豆苗胚茎侵入，菌丝通过胚茎进入叶片并侵染一些腋芽，引起幼苗发病，病苗上产生的孢子囊借风雨传播，进行扩大再侵染。孢子囊形成适温为10～25℃，高于30℃和低于10℃对孢子囊形成不利，但病菌菌丝生长要求高于孢子囊形成的温度。多雨高湿、温度高低交替时最有利于霜霉病发生与流行，昼暖夜冷地区最易发生本病。

【绿色防控技术】

（1）**选用抗病品种。**选用较抗病的品种，根据各地病菌的优势小种选育和推广抗病良种。

（2）**及时清除病残株。**及时摘除病叶、病果，为防止交叉感染，可将病叶、病果用纸或塑料袋包裹摘除，连包裹物集中烧毁或深埋。

（3）**种子处理。**用甲霜灵拌种，或以克霉灵、福美双及敌磺钠为拌种剂，效果很好。

（4）**药剂防治。**有条件的优先应用粉尘剂或烟雾剂防治。发病前可选用5%百菌清粉尘剂每亩1千克喷粉预防，10～15天1次，或选用45%安全型百菌清烟剂熏烟预防，每亩0.5千克，7～10天1次。发病初期选用50%烯酰吗啉可湿性粉剂1 500倍液，或72.2%霜霉威盐酸盐液剂600倍液，或72%霜脲·锰锌可湿性粉剂600～800倍液喷雾防治，喷雾时应尽量把药液喷到基部叶背。

6. 灰霉病

【为害对象】主要为害豆科、黄瓜、番茄、韭菜、茄子等蔬菜作物的花、果实和叶片。

【病原】豆类灰霉病为真菌性病害，病原为灰葡萄孢（*Botrytis cinerea*），属子囊菌无性型。

【识别症状】主要为害菜豆的叶片、茎、花和幼果等。先在根颈部向上11～15厘米处出现纹斑，周缘深褐色，中部淡棕色或浅黄色，干燥时病斑表皮破裂形成纤维状，湿度大时上生灰色霉层。有时病菌从茎蔓分枝处侵入，致病部形成凹陷水渍状斑，后萎蔫。幼苗多在接近地面的茎、叶上被侵染，子叶受害后，呈水渍状变软下垂，后叶缘长出白灰色霉层，即病菌的分生孢子梗和分生孢子。叶片染病，形成较大的轮纹斑，后期易破裂。荚果染病先侵染败落的花，后扩展到荚果，病斑初为淡褐至褐色，后软腐，表面生灰霉。灰霉病病斑上生有大量的灰褐色霉菌，只要空气流动，病菌就可以大量随风传播，进行再侵染。

【侵染循环与发病规律】 以菌丝、菌核或分生孢子越夏或越冬，越冬的病菌以菌丝在病残体中营腐生生活，不断产出分生孢子进行再侵染。条件不适时病部产生大量抗逆性强的菌核，在田间存活期较长，遇到适合的条件，即长出菌丝直接侵入或产生孢子，借雨水溅射传播为害。此菌可随病残体、水流、气流、农具及衣物传播。此外，一些农事操作，如浇水、绑蔓、采收甚至在田间穿行都可以人为携带病菌，将其传播开来。腐烂的病果、病叶、病卷须、败落的病花落在健部即可发病。

菌丝生长温度范围为 4～32 ℃，最适温度 13～21 ℃，高于 21 ℃生长量随温度升高而减少，28 ℃以上生长量锐减。该菌产孢温度范围为 1～28 ℃，同时需较高湿度；病菌孢子 5～30 ℃时均可萌发，最适 13～29 ℃；孢子发芽要求一定的湿度，以在水中萌发最好，相对湿度低于 95％孢子不萌发。因此，灰霉病的流行与环境条件关系密切。节能日光温室等设施栽培，因室内空气湿度高，才使其成为发生普遍、为害严重的主要病害。灰霉病病菌孢子的萌发需要一定的营养，因此一般病菌侵染都是从寄主死亡或衰弱的部位开始，如菜豆下部的叶片、开败的花瓣、受过粉的柱头，都是灰霉病较易侵染的部位。此外，一些较大的伤口，也可以成为菜豆灰霉病的侵染点。生产上缺少抗病品种，在有病菌存活的条件下，只要具备高湿和 20 ℃左右的温度条件，病害易流行。病菌寄主较多，为害时期长，菌量大，防治比较困难。

【绿色防控技术】

(1) **选用抗病品种。**选用较抗灰霉病的品种，加强田间管理，合理密植，增强田间通风透光条件，及时摘除接地部老叶。及时落秧，保持秧高距棚顶1米距离。落秧时将底部叶片全部摘除。围绕着降低棚内湿度，采取提高棚内夜间温度，增强白天通风时间，采取滴灌方法，减少大水漫灌。

(2) **及时清除病残株。**及时摘除病叶、病果，为防止交叉感染，可将病叶、病果用纸或塑料袋包裹摘除，连包裹物集中烧毁或深埋。花荚期，采用摇花措施，将败落的花摇落，露出花荚，及时清除落在叶片上的花瓣，减少花荚期染病。

(3) **播种或定植前高温闷棚。**可在茬口安排前，耕翻土壤，使棚室内保持35～40℃高温3～5天，灭杀棚室内及土壤中的部分病菌。

(4) **药剂防治。**发病后可用50%灭菌灵可湿性粉剂800倍液、50%腐霉利可湿性粉剂1 500倍液防治。

7. 白粉病

【为害对象】主要为害豆科、十字花科、伞形科、毛茛科和紫草科植物。

【病原】 豆类白粉病为真菌性病害，病原为蓼白粉菌（*Erysiphe polygoni*），属子囊菌。

【识别症状】 此病主要为害叶片，也可侵染茎蔓及荚。叶片发病，初期叶背呈黄褐色斑点，扩大后呈紫褐色斑，上面覆盖一层白粉（病菌生殖菌丝产生大量分生孢子），后病斑沿叶脉发展，白粉布满整叶。严重时叶面也显症，导致叶片枯黄，引起大量落叶。

【侵染循环与发病规律】 白粉病菌是一类活体营养的寄生菌，它不能在病残体上腐生。在我国北方主要靠闭囊壳越冬，翌年产生分生孢子和子囊孢子，侵入豆类蔬菜，形成田间初侵染。但在南方一般不产生抗逆性强的闭囊壳世代，其初侵染源主要是田间其他寄主作物或杂草染病后长出的分生孢子。分生孢子容易从孢子梗上脱落，通过气流传播至豆类蔬菜，条件适宜时萌发，从寄主表皮细胞侵入后，菌丝在表皮营外寄生并不断蔓延，再长出新的分生孢子，传播后可多次进行再侵染。

白粉病菌是一类很耐干旱的真菌。一般真菌

引起的植物病害，多雨都易诱发严重病害，而对白粉病，多雨反倒会抑制病害的发展。虽然如此，潮湿的天气和郁蔽的生态条件仍然有利于白粉病的发生。植株受干旱影响，尤其是土壤缺水，会降低对白粉病的抗性。种植密度过大，田间通风透光状况不良；施氮肥过多；管理粗放等都有利于白粉病发生，特别是植株生长中后期，生长势减弱，缺水脱肥，白粉病发生重。

【绿色防控技术】

(1) **农业防治。**因地制宜选用抗病品种。

温室大棚重茬栽培豆类蔬菜，应于播种前10天左右，造墒后覆膜盖棚，密闭，使棚室温度尽可能升高至45℃以上进行消毒。温度越高、时间持续越长，效果越好。冬春大棚升温困难，也可每公顷温室大棚用30～45千克硫黄粉掺锯末75～90千克点燃熏蒸，还可用45%百菌清烟剂每公顷15千克熏蒸，熏蒸时，温室大棚需密闭。

选择地势高燥、排水良好的地块种植。多施腐熟优质有机肥，增施磷、钾肥，促进植株健壮生长。及时浇水追肥，防止植株生长中后期缺水脱肥。避免种植过密，使田间通风透光。注意清洁田园，及时摘除中心病叶、收获后及时清除田间病残体，集中深埋处理。

及时防治害虫，可减少植株伤口，减少病菌传播途径。

(2) **药剂防治。**可用2%武夷菌素200倍液，或3%多抗霉素可湿性粉剂600～900倍液，或2%嘧啶核苷类抗菌素水剂100～200倍液，或25%嘧菌酯悬浮剂1 000～2 500倍液于发病初期喷药。

于抽蔓或开花结荚初期发病前喷药预防，最迟于见病时喷药控病，以保果为重点。可选喷70%甲基硫菌灵＋75%百菌清（1∶1）1 000～1 500倍液，或30%氧氯化铜＋65%代森锰锌（1∶1，即混即喷），或80%福美双可湿性粉剂500倍液，或50%咪鲜胺可湿性粉剂1 000倍液，或20%三唑酮乳油2 000倍液，或6%氯苯嘧啶醇可湿性粉剂1 000～1 500倍液，或12.5%烯唑醇可湿性粉剂2 000～2 500倍液。隔7～15天喷1次，喷2～3次或更多。采收前7天停止用药。

8. 细菌性疫病

【为害对象】 主要为害豆类蔬菜。

【病原】 豆类细菌性疫病病原为地毯黄单胞菌菜豆致病变种（*Xanthomonas axonopodis* pv. *phaseoli*），属细菌。

【识别症状】 细菌性疫病主要侵染叶、茎蔓、豆荚和种子。幼苗出土后，子叶呈红褐色溃疡状，叶片染病，初生暗绿色油渍状小斑点，后逐渐扩大成不规则形，病斑变褐色，干枯变薄，半透明状，病斑周围有黄色晕圈，干燥时易破裂。严重时病斑相连，全叶干枯，似火烧状，病叶一般不脱落。高湿高温时，病叶可凋萎变黑。

茎染病，病斑红褐色，稍凹陷，长条形龟裂。叶片上的病斑不规则形，褐色，干枯后组织变薄，半透明，病斑周围有黄色晕环。豆荚上初生油渍状斑马点，扩大后不规则形，红色，有的带紫色，最终变为褐色。病斑中央凹陷，斑面常有淡黄色的菌脓。

【侵染循环与发病规律】 影响该病发生流行的主要因素是温度和湿度。此外还有天气状况、种子、田间管理等。温度在 24～32℃范围内，豆株表面有水滴或呈湿润状，是发病的重要条件。一般高温多雨，或雾大露重，或暴风雨后转晴的天气，气温急剧上升，最易发病。栽培粗放，大水漫灌，土壤肥力不足，氮肥施用过多，田间通风不良，湿度大，杂草较多，虫害严重，植株长势弱易加重发病。病菌主要在种子内越冬，能存活 2～3 年。播种带菌种子，病菌侵害幼苗，病部溢出的菌脓借风雨或昆虫传播，病菌从气孔或伤口侵入，2～5 天后茎、叶发病。土壤中的病残体腐烂后病菌即失去活力。

【绿色防控技术】

(1) **农业防治。**选用无病种子，自留种子要选无病菜田，未发生病害的健壮豆株上的种子，单收单存。

合理轮作，对曾经发病严重的菜地，要与非豆科蔬菜如叶菜类等轮作 2 年，避免同科蔬菜连作。

选择地势较高、通风良好的菜地栽培菜豆。如菜地易积水要在雨季到来之前做好开沟排水准备。要及时中耕除草，合理施肥，防治害虫。

合理灌溉，采用地膜覆盖，晴天小水勤浇、膜下暗灌或滴灌，不大水漫灌，并注意通风，降低湿度。

(2) **种子消毒。**播前进行种子消毒处理，将种子放在45℃温水中，恒温浸泡10分钟后，捞出移入凉水中冷却；用50%福美双可湿性粉剂或95%敌克松原粉拌种，用药量为种子重量的0.3%；用农用链霉素500倍液浸种24小时。

(3) **药剂防治。**发病初期可用30%DT杀菌剂300倍液或新植霉素每公顷250克，或77%氢氧化铜可湿性粉剂500倍液，每7～10天喷1次，连续喷2～3次。

9. 根结线虫病

【为害对象】主要为害豆类蔬菜，寄主范围很广，可以为害几百种植物。

【病原】病原主要为南方根结线虫［*Meloidogyne incongnita*（Kofold& White）Chitwood］，是很重要的寄生线虫。

【识别症状】病害主要发生在根部，以侧根和须根最易受害，须根或侧根上产生肥肿畸形瘤状大小不等的根结，地上部分也能表现明显症状。为害根部，一是直接的机械损伤，破坏寄主表皮细胞；二是以吻针刺伤寄主，分泌唾液，破坏寄主细胞的正常代谢功能而产生病变，使根部产生变形或使植株内部组织受到破坏。根结初为白色，表面光滑，后期变褐，粗糙，剖开根结可见乳白色线虫。发病后根系吸收、输送养分和水分的能力下降，形成弱苗，影响产量；重病株地上部分表现为营养不良，植株大小不一，不整齐，多矮、瘦弱、生长缓慢，中午萎蔫，早晚恢复，严重者全株枯死；叶片小，叶色变浅、变黄，似缺素症；落花落果，果实小而畸形。

【侵染循环与发病规律】该病由线虫引起。根结线虫完整的生活史需经卵、幼虫、成虫三个阶段。田间以卵或其他虫态在土壤中越冬，在土壤内无寄主植物存在的条件下，可存活3年之久。土壤肥沃，幼苗健壮，水肥适宜，植株长势好，抗线虫能力强，则发病轻。二龄幼虫为根结线虫的侵染龄，通常由植物的根尖侵入，通过挤压细胞壁间的空隙在细胞间运动，完成对植物的侵染，并刺激寄主细胞加速分裂，使受害部位形成根瘤或根结。土温25～30℃、土壤含水量

40%左右时，病原线虫发育最快，10 ℃以下停止活动，温度 55 ℃时可在 10 分钟内致死。发病地块如长期浸水可抑制土壤中根结线虫的活动。

根结线虫在土壤中活动范围很小，一年内移动距离不超过 1 米。因此，初侵染源主要是病土、病苗及灌溉水。线虫远距离移动和传播，通常借助于流水、风、病土转移和农机具沾带的病残体、病土、带病种子和其他营养材料以及各项农事活动完成。

【绿色防控技术】

(1) **农业防治**。选用抗病和耐病品种；选用没有发生根结线虫病的土壤育苗，有根结线虫病的土壤应先消毒后育苗，确保幼苗不受侵染，可减轻成株期发病程度；施用腐熟的无病原线虫的有机底肥，培育无病壮苗。移栽时发现病株及时剔除，彻底清除棚室内的病根残体。

深翻土壤或换土。实行两年以上轮作。与抗（耐）根结线虫蔬菜（如葱、蒜、韭菜、辣椒等）轮作或合理间套作。对于轻病田可种植抗（耐）病蔬菜品种（葱、蒜、韭菜、辣椒等），可减少土壤中根结线虫的虫口密度；对于重病田，与禾本科作物轮作效果好，尤其是水旱轮作，可有效减少土壤中根结线虫量。

(2) **物理防治**。利用高温杀灭线虫。棚室可在休闲季节利用夏季高温，在盛夏挖沟起垄，沟内灌满水，然后盖地膜密闭棚室 2 周，使 30 厘米内土层温度达 54 ℃，保持 40 分钟以上。

冷冻处理。发病严重的温室，于 11 月 20 日前后灌上一茬冻水，不扣棚覆膜，经 2 个月左右的土壤结冰冷冻。

(3) **药剂防治**。在温室空闲时，施用 50～75 千克/亩的石灰氮对土壤进行消毒。目前，我国蔬菜生产上允许使用的杀线虫剂有 1.8%阿维菌素乳油、3.2%高效氯氰菊酯、10%噻唑磷颗粒剂、35%威百亩水剂、98%棉隆微粒剂。

二、蚕豆病害

1. 萎蔫病毒病

【为害对象】主要为害豆科蔬菜、茄子、番茄、青椒等。

【病原】此病为病毒性病害，主要由蚕豆萎蔫病毒（*Broad bean vascula wilt virus*，BBVW）侵染所致。

【识别症状】发病初期幼嫩叶片出现浓淡相间的花叶，进一步转变成褪绿斑驳，不久，顶叶开始变褐、坏死，最后全株萎蔫枯萎。有时病株花叶不明显，植株仅矮化和叶色变黄、脱落。轻病株可结少数种荚，重病株未开花结荚即死亡。

【侵染循环与发病规律】在田间主要通过介体（蚜虫）和植株间机械摩擦传播引起多次侵染。蚜虫的发生时期、数量、迁飞着落频次和距离，直接影响田间病害的流行速度和为害程度。高温干旱、蚜虫数量多发病严重。豆类生长期高温干旱，有利于蚜虫发生繁殖，则有利于病害的发生与发展。

【绿色防控技术】

（1）**农业防治。**选用抗病品种、进行种子检疫、播种前选种等措施，均可减少初侵染源，是防治病毒病最经济有效的方法。苗期及时拔除田间病株，清除田边灌木、杂草也可减少初侵染源。调整播种期，使苗期避开蚜虫高峰期。

（2）**阻断传播媒介。**目前最有效的方法是苗期即用银膜覆盖土层，或银膜条间隔插在田间，有驱蚜避蚜作用。生长后期发生蚜虫，应及时喷施化学杀虫剂，在迁飞蚜出现前喷药效果最好。每亩用10%吡虫啉可湿性粉剂20克，或50%抗蚜威可湿性粉剂10克，或20%氰戊菊酯30毫升，或25%氰·辛乳油60毫升对水50～60千克喷雾。

（3）**药剂防治。**在发病前和发病初期开始喷药防治花叶病，每亩用2%宁南霉素水剂115～150克，对水30千克喷雾，做到均匀喷雾不漏喷，连续喷两次，间隔7～10天；或每亩用20%病毒A可湿性粉剂60克，对水30千克均匀喷雾，连续喷3次，每次间隔7～10天。另外在7～8月还可以结合防治蚜虫喷施防病毒病的药剂。

2. 立枯病

【为害对象】主要为害十字花科、茄科、葫芦科、豆科、伞形花科、藜科、菊科、百合科等多种蔬菜。

【病原】立枯病为真菌性病害，病原为立枯丝核菌（*Rhizoctonia solani* Kühn），属担子菌无性型。

【识别症状】蚕豆各生育阶段均可发病。主要侵染蚕豆茎基部或地下部。茎基部染病多在茎的一侧或环茎出现黑色病变，致茎变黑。有时病斑向上扩展达十几厘米，干燥时病部凹陷，几周后病株枯死。湿度大时菌丝自茎基部向四周土面蔓延，后产生直径 1～2 毫米、不规则形的褐色菌核。地下部染病呈灰绿色至绿褐色，主茎略萎蔫，后下部叶片变黑，上部叶片仅叶尖或叶缘变色，后整株枯死，但维管束不变色，叶鞘或茎间常有蛛网状菌丝或小菌核。此外，病菌也可为害种子，造成烂种或芽枯，致幼苗不能出土或呈黑色顶枯。

【侵染循环与发病规律】主要以菌丝和菌核在土中或病残体内越冬。翌春以菌丝侵入寄主，在田间辗转传播蔓延。病菌侵染蚕豆温限较宽，土温 10～28 ℃均能产生病痕，以 16～20 ℃为最适，长江流域 11 月中旬至翌年 4 月发病。土壤过湿或过干、沙土地及徒长苗、温度不适发病重。病菌寄主范围广。

【绿色防控技术】

（1）**农业防治。**实施轮作，提倡与小麦、大麦等轮作3～5年，避免与水稻连作。适时播种。春蚕豆适当晚播，冬蚕豆避免晚播。加强田间管理，避免土壤过干过湿，增施过磷酸钙，提高寄主抗病力。

（2）**种子处理。**用种子重量0.3%的40%拌种双粉剂或50%福美双可湿性粉剂拌种。育苗床可用40%五氯硝基苯粉剂与50%福美双可湿性粉剂1∶1混合，每平方米8克与10～15千克细土混匀，播种前取1/3铺底，2/3盖在种子上。

（3）**药剂防治。**发病初期开始喷洒58%甲霜灵·锰锌可湿性粉剂500倍液或75%百菌清可湿性粉剂600～700倍液、20%甲基立枯磷乳油1100～1200倍液、72.2%霜霉威水溶性液剂600倍液，隔7天1次，防治1次或2次。

3. 褐斑病

【为害对象】主要为害豆科、十字花科、茄科、葫芦科、伞形花科等多种蔬菜。

【病原】褐斑病真菌性病害，病原为蚕豆壳二胞（*Ascochyta fabae* Speg.），属子囊菌无性型。

【识别症状】 叶片染病初呈赤褐色小斑点，后扩大为圆形或椭圆形病斑，周缘赤褐色特别明显，病斑中央褪成灰褐色，直径3～8毫米，其上密生黑色呈轮纹状排列的小点粒，病情严重时相互融合成不规则大斑块，湿度大时，病部破裂穿孔或枯死。茎部染病产生椭圆形较大斑块，长径5～15毫米，中央灰白色稍凹陷，周缘赤褐色，被害茎常枯死折断。荚染病病斑暗褐色，四周黑色，凹陷，严重的荚枯萎，种子瘦小，不成熟，病菌可穿过荚皮侵害种子，致种子表面形成褐色或黑色污斑。茎荚病部也长出黑色小粒点，即分生孢子器。

【侵染循环与发病规律】 以菌丝在种子或病残体内，或以分生孢子器在蚕豆上越冬。成为翌年初侵染源，靠分生孢子借风雨传播蔓延。生产上未经种子消毒或偏施氮肥，或播种过早及在阴湿地种植发病重。病菌生长适温为20～26℃，温暖多雨潮湿的天气或植地低洼潮湿，偏施氮肥易发病。

【绿色防控技术】

(1) **农业防治。**选用抗病品种；改进栽培技术。高畦深沟栽培，注意清沟排渍；合理施肥，增施磷、钾肥，勿过施偏施氮肥，适时喷施叶面营养剂。

(2) **种子处理。**播种前种子消毒。56 ℃温水浸种 5 分钟，或用种子重量 0.3％的 45％三唑酮·福美双拌种。

(3) **药剂防治。**发病初期喷洒 50％琥胶肥酸铜可湿性粉剂 500 倍液、12％松脂酸铜乳油 500 倍液、47％春雷·王铜可湿性粉剂 600 倍液、80％代森锰锌可湿性粉剂 500～600 倍液、14％络氨铜水剂 300 倍液、77％氢氧化铜可湿性微粒粉剂 500 倍液，隔 10～15 天左右 1 次，视病情喷施 2～3 次或更多。

4. 枯萎病

【为害对象】主要为害豆科、十字花科等多种蔬菜。

【病原】枯萎病真菌性病害，病原为尖镰孢蚕豆专化型（*Fusarium oxysporum* f. sp. *fabae*），属子囊菌无性型。

【识别症状】植株在开花期或接近开花期开始发病。植株各部位均可受害。病叶初呈淡绿色，逐渐变为浅黄色，叶缘尤其是叶尖部分常变黑焦枯。叶片自下向上逐渐变黄枯萎，病叶常扭折、弯曲，干枯脱落。病株茎基部有黑褐色病斑，稍凹陷，潮湿时常产生粉红色霉层，即病菌的分生孢子座，茎基部病斑逐渐向上发展，致使茎上部分嫩尖倾斜或下垂，最后整个植株枯死。根系受害，侧根和主根上均产生褐色至黑褐色条纹，逐渐发展，可导致主根变黑，皮层腐烂，须根全部坏死并消失。病株根系弱小，极易拔出。剖开病茎，可见维管束变黑，常造成植株成片死亡。

【侵染循环与发病规律】土壤湿度、温度和酸碱度对此病的发生有较大的影响。土壤含水量低于65%时，发病率较高，土壤越干燥，病势发展越迅速，有的病株在结荚前便枯死。土壤湿度高、土质肥沃，病株将产生大量自生根，可延迟病势发展，有时病株仅一部分枯萎而其他部分仍能开花结实。土壤温度在15℃时，病株开始显症，土壤温度升高，病害发展快，当达到

25℃左右时，病株常迅速枯死。土壤温度高于32℃时，病害发展减缓。土壤肥力也影响此病的发展，在瘠瘦的土壤内比在肥沃的土壤内病害发生较为普遍而严重。酸性土壤比碱性土壤易发病。

【绿色防控技术】

（1）**农业防治。**选用抗病品种。与非寄主作物轮作3～5年，可明显降低发病率。加强田间管理，如注意灌溉和排水，保持土壤湿度，防止土壤过干或过湿。施足基肥，追施化肥。病田收获后，及时清除病残体并集中销毁，实行秋耕冬灌等。

（2）**种子处理。**播前用种子重量0.4%的福美双拌种或用40%福尔马林100倍液浸种30分钟。

（3）**药剂防治。**发病初期用70%代森锰锌可湿性粉剂500倍液或50%甲基硫菌灵可湿性粉剂500倍液喷雾，每隔7～10天喷药1次，共2次；或用58%甲霜灵·锰锌可湿性粉剂和50%瑞毒·铜（10%瑞毒霉+40%琥珀酸铜）可湿性粉剂500倍液灌根，有一定的防效。

5. 轮纹病

【为害对象】 主要为害豆科、十字花科等多种蔬菜。

【病原】 轮纹病真菌性病害，病原为蚕豆尾孢（*Cercospora fabae* Fautrey），异名轮纹尾孢（*Cercospora zonata* Winter），属子囊菌无性型。

【识别症状】 主要为害叶片，有时也为害茎、叶柄和荚。叶片染病初生1毫米大小的紫红褐色小点，后扩展成边缘清晰的圆形或近圆形黑褐色轮纹斑，边缘明显，稍隆起，病斑直径5～7毫米，一片蚕豆叶上常生多个病斑，病斑融合成不规则大型斑，致病叶变成黄色，最后变成黑褐色，病部穿孔或干枯脱落。湿度大或雨后及阴雨连绵的天气，病斑正、背两面均可长出灰白色薄霉层，即病原菌的分生孢子梗和分生孢子。叶柄、茎和荚染病产生梭形至长圆形、中间灰色的凹陷斑，有深赤色边缘。荚上生小的黑色凹陷斑。

【侵染循环与发病规律】 病菌以分生孢子梗基部的菌丝块随病叶遗落在土表或附着在种子上越冬。翌年产生分生孢子引起初侵染，再产生大量分生孢子，通过风雨传播进行再侵染。病菌发育适温 25 ℃左右，最高 30 ℃，最低 5 ℃。蚕豆苗期多雨潮湿易发病，土壤黏重、排水不良或缺钾发病重。病叶的增加和扩展主要受气温高低及前 3～5 天早晨叶片上有无露水两个条件制约。一般连续 3 天早晨蚕豆叶片上有露水，气温18～20 ℃，出现发病高峰。此外，播种早、蚕豆和玉米套种发病重。蚕豆与洋芋套种可减轻发病。

【绿色防控技术】

（1）**农业防治。**选用抗病品种。适时播种，不宜过早，提倡采用高畦栽培，适当密植，增施有机肥，提高抗病力。有条件的地区提倡洋芋 2 行、蚕豆 2 行套种，既防病又增产。

（2）**种子处理。**选用无病苗，播种前用 56 ℃温水浸种 5 分钟，进行种子消毒。

（3）**药剂防治。**发病初期开始喷洒 30％碱式硫酸铜悬浮剂 500 倍液或 30％氧氯化铜悬浮剂 800 倍液、50％多霉威（多菌灵＋万霉灵）可湿性粉剂 1 000～1 500 倍液、50％琥胶肥酸铜可湿性粉剂 500 倍液、14％络氨铜水剂 300 倍液、77％氢氧化铜可湿性微粒粉剂 500 倍液，隔 10

天左右1次，防治1次或2次。

6. 锈病

【为害对象】 主要为害豆科等蔬菜。

【病原】 锈病真菌性病害，病原为蚕豆单胞锈菌［*Uromyces fabae*（Pers.）de Barv］，属担子菌。

【识别症状】 主要为害叶和茎。初期仅在叶两面生淡黄色小斑点，直径约1毫米，后颜色逐渐加深，呈黄褐色或锈褐色，斑点扩大并隆起，形成夏孢子堆。夏孢子堆破裂飞散出黄褐色的夏孢子，后产生新的夏孢子堆，夏孢子扩大蔓延，发病严重的整个叶片或茎都被夏孢子堆布满，到后期叶和茎上的夏孢子堆逐渐形成深褐色椭圆形或不规则形冬孢子堆，其表皮破裂后向左右两面卷曲，散发出黑色的粉末即冬孢子。

【侵染循环与发病规律】 在北方病菌以冬孢子附着在蚕豆病残株上越冬，萌发时产生担子及担孢子，担孢子成熟后脱落，借气流传播到寄主叶面，萌发时产生芽管，直接侵入蚕豆，后在病部产生性子器及性孢子和锈子腔及锈孢子，然后形成夏孢子堆，产出夏孢子，借气流传播形成再侵染，秋季形成冬孢子堆，冬孢子越冬。南方以夏孢子进行初侵染和再侵染，并完成侵染循环。锈病的发生与温度、湿度、品种及播种期等有密切关系。锈菌喜温暖潮湿，气温 14～24 ℃，适于孢子发芽和侵染，夏孢子迅速增多，气温 20～25 ℃易流行，所以多数蚕豆产区都在 3～4 月气温回升后发病，尤其春雨多的年份易流行。云南冬春气温高，早播蚕豆年前即开始发病，形成发病中心，到第二年2～3 月后，雨日多，易大发生。从土质和地势看，低洼积水、土质黏重、生长茂密、通透性差发病重。植株下部的茎叶发病早且重。早熟品种生育期短，可避病。

【绿色防控技术】

(1) **农业防治**。适时播种，防止冬前发病，减少病原基数，生育后期避过锈病盛发期。选用早熟品种，在锈病大发生前收获。合理密植，开沟排水，及时整枝，降低田间湿度。不种夏播蚕豆或早蚕豆，减少冬春菌源；冬播时清水洗种也可减轻发病。

(2) **药剂防治**。发病初期开始喷洒 30%固体石硫合剂150倍液，或15%三唑酮可湿性粉剂1 000～1 500倍液、50%萎锈灵乳油800倍液、50%硫黄悬浮剂200倍液、25%丙环唑乳油3 000倍液、25%丙环唑乳油4 000倍液+15%三唑酮可湿性粉剂2 000倍液，隔10天左右1次，连续防治2～3次。

7. 根腐病

【为害对象】 主要为害豆科、十字花科等蔬菜。

【病原】 根腐病真菌性病害，病原为腐皮镰孢蚕豆专化型（*Fusarium solani* f. sp. *fabae*），属子囊菌无性型。

【识别症状】 蚕豆根腐病在中国各地均有分布，常与枯萎病混合发生，一般病株率为5%～15%，发病严重时可达50%以上。主要为害根和茎基部，引起全株枯萎。根和茎基部发病，开始表现为水渍状，后根腐病为害茎基部，发展为黑色腐烂，侧根枯朽，皮层易脱离，烂根表面有致密的白色霉层，是病菌的菌丝体，以后变成黑色颗粒。病茎水分蒸发后，变灰白色，表皮破裂如麻丝，内部有时有鼠粪状黑色颗粒。

【侵染循环与发病规律】病菌随病残体在土壤中越冬，第2年在田间进行初侵染和再侵染。条件适宜时，从根毛或茎基部的伤口侵入，田间借浇水及昆虫传播蔓延，引起再侵染。一般在蚕豆花期发病严重。多年连作发病较重。该病发病程度与土壤含水量有关。在地下水位高或田间积水时，田间持水量高于92%发病最重，地势高的田块发病轻；精耕细作及在冬季实行蚕豆、小麦、油菜轮作的田块发病轻。年度间的差异与气象条件相关，播种时遇有阴雨连绵的年份，死苗严重。

【绿色防控技术】

(1) **农业防治。**

① 实行轮作：蚕豆根腐病菌寄主范围窄，实行蚕豆、小麦、油菜等3年以上轮作，效果好。但不宜与豆科牧草轮作。

② 加强田间规划和管理：选择高燥、排水好的田块，播种时尽量避开阴雨连绵的天气；灌水实行速灌速排，防止土壤过干过湿。

③ 增施肥料：增施磷、钾肥，促进植株生长健壮，提高抗病能力，施用充分腐熟的有机

肥，不宜用病株沤肥，收获后及时清洁田园。

（2）**种子处理和土壤消毒。**

① 种子处理：播前用 56 ℃温水浸种 5 分钟，或用敌克松均匀拌种 10 小时，或用 50%多菌灵可湿性粉剂 700 倍液浸种 10 分钟。播种时，每亩用 50%多菌灵 150 克拌细土盖种。

② 土壤消毒：土壤消毒剂应在傍晚时拌细土施用，不宜对水喷雾，避免造成伤苗。

（3）**药剂防治。**苗期用 50%多菌灵可湿性粉剂 1 000 倍液灌根，或 70%甲基硫菌灵可湿性粉剂 800～1 500 倍液，或 65%代森锌可湿性粉剂 600 倍液喷雾防治。在发病初期往植株茎基部喷淋 70%甲基硫菌灵可湿性粉剂 500 倍液，隔 7～10 天 1 次，连续防治 2～3 次，有一定防效。

8. 细菌性疫病

【为害对象】主要为害豆类蔬菜。

【病原】蚕豆细菌性疫病病原为丁香假单胞菌丁香致病变种（*Pseudomona syringae* pv. *syringae*），属细菌。

【识别症状】主要为害叶片、茎尖和茎秆，严重时也可为害豆荚。叶片感病开始时边缘变成褐色，逐渐发展成不规则黑色至暗褐色坏死斑，后整叶变成黑色枯死。茎顶端生黑色短条斑或小斑块，稍凹陷；逐渐向下蔓延，变黑萎蔫。叶柄、茎部染病，向下或向上扩展延伸，出现长条形黑褐色病斑，温度较高的晴天病部变黑且发亮，花受害变黑枯死。高温高湿条件下，叶片及茎部病斑迅速扩大变黑腐烂。豆荚受害初期其内部组织呈水渍状坏死，逐渐变黑腐烂，后期豆荚外表皮也坏死变黑。豆粒受害表面形成黄褐至红褐色斑点，中间色较深。

【侵染循环与发病规律】病原细菌主要通过种子传播，从气孔或伤口侵入，经几天潜育即可发病。病害的发生和流行与蚕豆生育期以及生长季节中的雨日和降水量、土壤湿度、土壤肥力有密切关系。品种间抗病性差异大。雨日长，利于发病。低温多湿、植株受冻，加重发病。地势低洼、排水不良、种植粗放的田块，发病重。土壤肥力差的田块，易发病。

【绿色防控技术】

(1) **农业防治。**建立无病留种田，防止种子带菌传播。建好排灌系统，高垄栽培，雨季注意排水，降低田间湿度。加强栽培管理，合理施肥。及时拔除中心病株，减少再侵染。

(2) **药剂防治。**对发病重的田块施硫酸钾10～15千克/亩；初花期、初荚期各喷施1次，尤其是在大暴雨过后及时喷药保护。可用药剂有72%农用链霉素可溶性粉剂3 000～4 000倍液、47%春雷霉素·氧氯化铜可湿性粉剂800～1 000倍液、50%琥胶肥酸铜可湿性粉剂500～600倍液、14%络氨铜水剂300～500倍液、77%氢氧化铜可湿性粉剂500～800倍液等药剂。

三、荷兰豆、扁豆病害

1. 病毒病

【为害对象】主要为害豆科蔬菜及茄子、番茄、青椒等蔬菜。

【病原】病毒性病害，主要由蚕豆萎蔫病毒(*Broad bean wilt virus*，BBWV)、大豆花叶病毒(*Soybean mosaic virus*，SMV)、苜蓿花叶病毒(*Alfalfa mosaic virus*，ALMV)、豇豆褪绿斑驳病毒(*Cowpea chlorotic mottle virus*，

CCMV）等一种或多种病毒共同侵染所致。

【识别症状】病毒为害时，全株发病。病株矮缩，叶片变小、皱缩，叶色浓淡不均，呈嵌斑驳花叶状；或者新抽出的顶叶黄化，变小，皱缩卷曲，质脆，呈丛生现象。感病植株结荚少或不结荚。

【侵染循环与发病规律】主要靠蚜虫传毒，高温干旱、排水不良、氮肥过量、土壤黏重等条件均利于发病。

【绿色防控技术】

（1）**农业防治。**选用抗病品种、丰产优质良种。合理规划，成片种植，由于近效菜区毒源作物多，面积大，周而复始，发病重。尤其小片地发病更重，提倡向远郊发展，成片集中种植，避病作用明显。适时播种，培育壮苗。与大蒜套栽，避蚜防病作用明显。

（2）**阻断传播媒介。**早期治蚜防病保苗，生产上应根据天气、苗情、虫情在第一片真叶长出后及时喷药，以后视情况5～7天后再喷1次，常用药剂有50%抗蚜威可湿性粉剂2 000倍液或20%氰·杀乳油2 000倍液。

（3）**药剂防治。**发病初期可用20%病毒A可湿性粉剂500倍液，或0.5%抗毒剂1号水剂300倍液，或20%病毒净500倍液，或20%病毒克星500倍液，或5%菌毒清水剂500液，或20%病毒宁500倍液，或1.5%植病灵乳剂1 000倍液等药剂喷雾。每隔5～7天喷1次，连续2～3次。

2. 白粉病

【为害对象】主要为害豆科蔬菜及茄子、番茄、青椒等蔬菜。

【病原】白粉病为真菌性病害，病原菌为豌豆白粉菌（*Erysiphe pisi* DC.），属子囊菌。

【识别症状】白粉病是荷兰豆的主要病害，主要为害叶片、茎蔓和豆荚，多始于叶片。叶片染病初出现白粉状淡黄色小点，后扩大成不规则形粉斑，相互连合，病部表面被白粉覆盖，叶背呈褐色或紫色斑块。随病情发展，病斑波及全叶，致叶片迅速枯黄坏死。茎蔓和豆荚染病，也出现白色粉斑，严重时布满茎荚，致使茎蔓枯黄，嫩茎干缩，豆荚干小。后期病部形成黑穗状小点，即病菌的子囊壳。在湿度较高、昼夜温差大的条件下易发病，通风较差、光照不足、浇水过多、偏施氮肥时易加重发病。

【侵染循环与发病规律】在寒冷地区病菌以子囊壳随病残体越冬。翌年产生子囊孢子进行初侵染。借气流和雨水溅射传播。病部产生分生孢子进行多次重复侵染，使病害进一步扩展蔓延。温暖地区病菌以分生孢子在寄主作物间辗转传播为害，无明显越冬期，也未见产生子囊壳。日暖夜凉，温差大，空气潮湿，植株结露适宜发病。干湿交替发病较重，持续干燥病害也较重。品种间抗病性差异明显。

【绿色防控技术】

（1）**农业防治。**病地实行轮作；选用较抗病的丰产良种；施足底肥，增施磷、钾肥；科学浇水，不宜大水漫灌；加强通风，降低湿度；清洁田园，把病叶、病残体、病秧等清除出田外，集中深埋或销毁。

（2）**生物防治。**发病初期，用2%农抗BO-10水剂或嘧啶核苷类抗菌素水剂200倍液，隔7天喷1次，连喷2～3次。

（3）**药剂防治。**① 喷洒药液：发病初期，喷45%硫黄胶悬剂300～400倍液，或15%三唑酮可湿性粉剂800～1 000倍液，或20%三唑酮乳油1 000～1 500倍液，或40%氟硅唑乳油8 000～10 000倍液，或30%氟菌唑可湿性粉剂4 000～5 000倍液，或25%三唑酮可湿性粉剂1 500～2 000倍液，或2%春雷霉素水剂500倍液。隔7天喷1次，连喷2～3次。保护地可选用5%春雷霉素·王铜可湿性粉剂或5%百菌清粉尘剂15千克/公顷喷粉防治。

② 烟熏：发病前，可用45%百菌清烟剂，每亩每次200～250克，傍晚进行，分放4～5个点，点燃冒烟后密闭棚室，隔7天1次，连熏3～4次。

③ 喷小苏打：病害刚刚发生，只有个别株有1～2个小斑点时喷小苏打500倍液，隔3天1次，连喷4～5次，不仅防白粉病，又分解出二氧化碳，可提高产量。

3. 炭疽病

【为害对象】 主要为害豆类、瓜类、十字花科及辣椒、番茄等蔬菜。

【病原】 炭疽病属真菌性病害，病原为胶孢炭疽菌［*Colletotrichum gloeosporioides*（Penz.）Sacc］，属子囊菌无性型。

【识别症状】主要为害茎、叶和荚。茎染病时，病斑近梭形或椭圆形，边缘暗褐色略凹陷；叶片染病时病斑圆形或椭圆形，边缘深褐色，中间暗绿色或浅褐色，其上密生小黑点，即病原菌的分生孢子盘，病情严重的病斑融合致叶片枯死。荚染病病斑圆形或近圆形，大小为2～5毫米，病斑中间浅绿色，边缘暗绿色，亦密生黑色小粒点，湿度大时，病部长出粉红色黏质物。

【侵染循环与发病规律】病原菌以菌丝体在病残体内或潜伏在种子内越冬，翌春，条件适宜时，分生孢子通过雨水飞溅传播蔓延，进行初侵染和再侵染。该病主要发生在春、夏两季高温多雨条件下，随连阴雨日增多而扩展，低洼地、排水不良、植株生长衰弱发病重。

【绿色防控技术】

（1）**农业防治。**重病地与非豆科作物轮作。选用抗病品种。收获后及时清除病残体，及时深翻减少菌源；合理施肥，特别是钾肥；雨季注意排水降低田间湿度。

(2) **药剂防治。** 发病初期喷洒50%苯菌灵可湿性粉剂1 000倍液或50%甲基硫菌灵·硫黄悬浮剂800倍液、50%多菌灵可湿性粉剂500～600倍液、70%代森锰锌可湿性粉剂400～500倍液、75%百菌清可湿性粉剂600～700倍液、80%炭疽·福美可湿性粉剂800倍液、80%代森锰锌可湿性粉剂500～600倍液。隔7～10天1次，连续防治2～3次。采收前7天停止用药。

4. 黑斑病

【为害对象】 主要为害菜豆、豇豆、豌豆、小豆、扁豆和蚕豆等蔬菜。

【病原】 黑斑病为真菌性病害，病原为豆类壳二胞［*Ascochyta pinodes*（Berk. et Bloxam）Jones.］，属子囊菌无性型。有性态为荷兰豆球腔菌［*Mycosphaerella pinodes*（Berk. et Bloxam Vestergren)］，属子囊菌。

【识别症状】 荷兰豆黑斑病主要为害叶片、近地面的茎和荚。叶片染病，初生圆形至不规则形斑，中间黑褐色至黑色，具2～3圈轮纹，其上生很多小黑粒点，即病原菌的分生孢子器；茎部染病，茎上产生条斑，病部呈黑褐色，茎部以上茎、叶变黄枯死；荚染病，初生不规则形紫色斑点，病部具分泌物，褐色至黑褐色，干后呈疮痂状，侵入种子引起斑点。

【侵染循环与发病规律】以菌丝或分生孢子在种子内或以分生孢子器随病残体在地表越冬，翌年病菌通过风、雨或灌溉水传播，从气孔、水孔或伤口侵入，引致发病。种子带菌可随种子调运进行远距离传播。用病种子育苗，苗期可见子叶染病，后蔓延到真叶上，田间发病后，病斑上产生分生孢子，借风、雨或农事操作进行传播，引致再侵染。

【绿色防控技术】

（1）**农业防治。**选用无病豆荚，单独脱粒留种。适时播种，不宜过早，提倡高畦栽培，合理施肥，适当密植，增施钾肥，提高抗病力。

（2）**种子处理。**播种前用 56 ℃温水浸种 5 分钟，进行种子消毒。

（3）**药剂防治。**发病初期，喷洒 27%碱式硫酸铜悬浮剂 600 倍液，或 75%百菌清可湿性粉剂 1 000 倍液＋70%甲基硫菌灵可湿性粉剂

1 000倍液，或75%百菌清可湿性粉剂1 000倍液+70%代森锰锌可湿性粉剂1 000倍液，或50%甲基硫菌灵·硫黄悬浮剂800倍液，隔10天左右1次，连续2～3次，注意喷匀喷足。采收前7天停止用药。

5. 菌核病

【为害对象】主要为害菜豆、豇豆、豌豆、扁豆和蚕豆等蔬菜。

【病原】菌核病为真菌性病害，病原为核盘菌［*Sclerotinia sclerotiorum*（Libert）de Bary］，属子囊菌。

【识别症状】主要发生在保护地或露地荷兰豆上。病部初呈水渍状，后逐渐变为灰白色，豆荚和茎上生出棉絮状菌丝，后在病组织上产生鼠粪状黑色菌核；病部白色菌丝生长旺盛时，也长出黑色菌核。荷兰豆从地表茎基部发病，致茎蔓萎蔫枯死。剖开病茎可见黑色鼠粪状菌核。

【侵染循环与发病规律】以菌核在土壤中或病残体上或混在堆肥及种子上越冬。翌年，越冬菌核在适宜条件下萌发产生子囊盘，子囊成熟后，将囊中孢子射出，随风传播。孢子放射时间长达月余，侵染周围的植株。此外，菌核有时直接产生菌丝。病株上的菌丝具较强的侵染力，进行再侵染扩大传播。菌丝迅速发展，致病部腐烂。当营养消耗到一定程度时产生菌核，菌核不经休眠即萌发。该病在较冷凉潮湿条件下发生，适温 5～20 ℃，15 ℃最适，子囊孢子 0～35 ℃均可萌发，以 5～10 ℃最有利。菌丝在 0～30 ℃能生长，20 ℃最适。菌核形成的温度与菌丝生长要求的温度一致，菌核 50 ℃经 5 分钟致死。病菌对湿度要求严格，在潮湿土壤中，菌核只存活 1 年；土壤长期积水，1 个月即死亡；在干燥土壤中能存活 3 年多，但不易萌发。菌核萌发要求高湿及冷凉的条件，萌发后子囊的发育需要连续 10 天有足够的水分。相对湿度 70%，子囊孢子可存活 21 天；相对湿度 100%只存活 5 天；大田条件下，散落在豆叶上的子囊孢子存活 12 天。病菌的接种体及菌丝侵染豆类植物时，要求植株表面保持自由水 48～72 小时，相对湿度低于 100%，病菌即不能侵染。菌核病一般在开花后发生，病菌先在衰老的花上取得营养后才能侵染健部，受害期较长。

【绿色防控技术】

(1) **农业防治。**轮作、深耕及土壤处理。有条件的可与水稻等禾本科作物轮作；收获后马上进行深耕，把大部分菌核埋在3厘米以下；在子囊盘出土盛期中耕，后灌水覆地膜闭棚升温，利用高温杀死部分菌核。勤松土、除草，摘除老叶及病残株，从初花期开始，坚持进行数次。覆盖地膜，合理施肥。利用地膜阻挡子囊盘出土，要求铺严。此外要避免偏施氮肥，增施磷、钾肥。有条件的可铺盖沙泥，阻隔病菌。

(2) **种子处理。**选用无病种子及进行种子处理。从无病株上采种，如种子中混有菌核及病残体，播前用10%盐水浸种，再用清水冲洗后播种。

(3) **药剂防治。**喷洒50%乙烯菌核利可湿性粉剂1 000倍液、50%异菌脲可湿性粉剂1 000～1 500倍液、50%腐霉利可湿性粉剂1 500～2 000倍液、35%多菌灵磺酸盐700倍液、50%混杀硫悬浮剂500倍液、50%多霉灵（多菌灵＋乙霉威）可湿性粉剂1 500倍液、65%甲霉灵（硫菌·霉威）可湿性粉剂1 000倍液，每亩喷对好水的药液60升，隔10天左右1次，防治2～3次。采收前3天停止用药。

6. 根腐病

【为害对象】主要为害豆科蔬菜。

【病原】根腐病真菌性病害，病原为豌豆腐皮镰孢［*Fusarium solani*（Mart）f. sp. *pisi*（Jones）Snyder et Hansen］，属子囊菌无性型。

【识别症状】此病全生育期均可发生，以苗期和开花期染病较多，主要为害根和根颈部。幼苗染病，萎蔫低垂。成株染病，下部叶片先发黄，逐渐向中上部发展，致全株变黄枯萎。初期主、侧根表面出现红褐色至黄褐色花色小点，以后扩大蔓延使病根变褐，纵剖病根可见维管束变褐或呈锈红色至锈褐色，根瘤明显减少。轻病株矮化，叶色褪绿，个别分枝萎蔫或枯萎，一定程度上影响豆荚的大小和多少。重病植株根颈部缢缩或凹陷，黄褐色至暗褐色，皮层腐烂，开花后全株枯死。

【侵染循环与发病规律】病原菌为土壤习居菌，由土壤、病残体和种子传播蔓延，由种皮或支根侵入，最后蔓延至主根，容易与枯萎病混淆。发病适宜温度 24～33 ℃，土壤温度对病害影响较土壤湿度大，土壤过干或过湿、地下害虫多、连作地块发病重。

【绿色防控技术】

（1）**农业防治。**收获后彻底清除病残体，带出田外集中销毁。生长期适时浇水、施肥，促进根系正常生长，及时防治地下害虫，减少根系受外界的伤害。

（2）**种子处理和土壤消毒。**

① 种子处理：播种前用种子重量 0.3%的 50%甲基立枯磷可湿性粉剂处理种子，拌种前注意用水湿润种子。

② 土壤消毒：拌种前每公顷施 50%多菌灵可湿性粉剂 45～75 千克于种植沟内。

（3）**药剂防治。**发病初期选用 50%克菌丹 600～800 倍或 70%敌磺钠可湿性粉剂 600～800 倍液＋72%农用链霉素灌根 1～2 次，每次间隔 7～10 天。

7. 细菌性斑点病

【为害对象】主要为害豆类蔬菜。

【病原】细菌性斑点病病原为丁香假单胞菌

荷兰豆致病变种［*Pseudomonas syringae* pv. *pisi*（Sackett）al.］，属细菌。

【识别症状】细菌性斑点病又称假单胞蔓枯病或茎枯病，为害茎荚和叶片。种子带菌的幼苗即可染病；较老植株叶片染病病部水渍状，出现圆形至多角形紫色斑，半透明，湿度大时，叶背出现白色至奶油色菌脓，干燥条件下产生发亮薄膜，叶斑干枯，变成纸质状；茎部染病，初生褐色条斑；花梗染病可从花梗蔓延到花器上，致花萎蔫、幼荚干缩腐败；荚染病病斑近圆形稍凹陷，初为暗绿色，后变成黄褐色，有菌脓，直径3～5毫米。

【侵染循环与发病规律】病原细菌在荷兰豆、蚕豆种子里越冬，成为翌年主要初侵染源。植株徒长、雨后排水不及时、施肥过多易发病，生产上遇有低温障碍，尤其是受冻害后突然发病，迅速扩展。反季节栽培时易发病。细菌生长适温28～30℃，最高35～36℃，最低0℃，50℃10分钟致死。

【绿色防控技术】

(1) **农业防治。**建立无病留种田，从无病株上采种。避免在低湿地种植荷兰豆，采用高畦或起垄栽培，注意通风透光，雨后及时排水，防止湿气滞留。

（2）**种子处理。**用种子重量0.3%的50%甲基硫菌灵可湿性粉剂拌种。也可进行温汤浸种，先把种子放入冷水中预浸4～5小时，移入50℃温水中浸5分钟，后移入凉水中冷却，晾干后播种。

（3）**药剂防治。**发病初期喷洒72%农用硫酸链霉素4 000倍液或27%碱式硫酸铜悬浮剂600倍液、30%碱式硫酸铜悬浮剂400～500倍液、47%春雷·王铜可湿性粉剂800倍液。采收前5天停止用药。

第二部分 害 虫

1. 豆野螟

【为害对象】豆野螟（*Maruca testulalis* Geyer）属鳞翅目螟蛾科，为害大豆、豇豆、菜豆、荷兰豆、扁豆、豌豆、绿豆等。

【为害特点】成虫产卵于花蕾、叶柄及嫩荚上，单粒散产，卵期2～3天，初孵幼虫蛀入花蕾和嫩荚，被害蕾易脱落，被害荚的豆粒被虫咬伤，蛀孔口常有绿色粪便，虫蛀荚常因雨水灌入而腐烂。幼虫为害叶片时，常吐丝把两叶黏在一起，躲在其中咬食叶肉，残留叶脉，叶柄或嫩茎被害时，常在一侧被咬伤而萎蔫至凋萎。

【生活习性】1年约发生5代，有世代重叠现象，越冬代成虫5月上中旬出现，11月中旬进入越冬。成虫夜间活动。趋光性较强，白天潜伏，受到惊吓时，可短距离飞翔，傍晚产卵，卵为散产，多产于花蕾和花瓣上。每头雌虫约产卵80粒，最多可产400粒，卵期2～3天，初孵幼虫蛀入花蕾或花器，取食花药和幼嫩子房，被害花蕾或幼荚不久即脱落，三龄后的幼虫大多蛀入果荚内为害豆粒，多从两荚相接处或荚与花瓣、叶片及茎秆相接处蛀入，蛀孔圆形，蛀孔外堆有黄白色虫粪。1个被害荚内有1头幼虫，少数2～3头。少数幼虫取食叶片、叶柄或嫩茎。幼虫蚕食叶肉而遗留叶脉，常蛀食叶柄或嫩茎一侧，引起枯萎。幼虫白天隐藏在花或豆荚与虫粪及吐丝结成的包裹里，傍晚和夜间爬出活动，幼虫可转株转荚2～3次，老熟幼虫在附近的浅土层内和落叶中做茧化蛹。

【绿色防控技术】

（1）农业防治。

① 抗虫品种的培育：抗豆野螟品种主要体现为拒产卵、末龄幼虫体重下降、蛹期延长、羽化的雌成虫个体较小和生殖退化。豆野螟在抗性差的豇豆品种上产卵量多，不同品种的花和荚上幼虫数量存在显著差异，说明不同豇豆品种对豆

野螟的抗性有显著差异。

② 栽培措施：与豆野螟不喜欢取食的作物间作，适时播种以错开豆类作物盛花期与豆野螟成虫产卵高峰期，调节株、行距均是减轻豆野螟为害的有效手段。此外，应通过合理地安排茬口，避免与豆类作物进行连作，以免为豆野螟提供连续为害的机会，加剧豆野螟种群的暴发。

③ 加强田间管理：结合施肥、浇水，铲除杂草，清除落地的花、落叶和落荚，以减少成虫的栖息地和残存的幼虫和蛹。收获后及时清地翻耕，并灌水以消灭土表层内的蛹。

(2) 物理防治。

① 灯光诱杀：由于成虫对黑光灯的趋性不如白炽灯强，灯下蛾峰不明显，建议从 5 月下旬至 10 月于 21:00～22:00 在田间放置频振式杀虫灯或悬挂白炽灯诱杀成虫，灯位要稍高于豆架。

② 人工采摘被害花荚和捕捉幼虫：由于豆野螟在田间的为害状明显，被害花、荚上常有蛀孔，且蛀孔外堆积有粪便。因此，结合采收摘除被害花、荚，集中销毁，切勿丢弃于田块附近，以免再次返回田间为害。

③ 使用防虫网：在保护地使用防虫网，对豆野螟的防治效果明显，与常规区相比，防效可达到100%，有条件的地区可在豆野螟的发生期全程使用防虫网，可大幅度提高豇豆的产量。

（3）**生物防治。**

① 性信息素：目前，国内利用豆野螟性信息素进行预测预报和防治的工作刚刚起步，在相关生物学及应用技术研究的基础上，开展了利用雌蛾性腺粗提物进行虫情预测预报以及根据性腺粗提物的田间诱捕，指导化学杀虫剂的合理、有效使用。

② 自然天敌的保护和利用：豆野螟的天敌主要包括寄生性天敌，如微小花蝽、屁步甲、黄喙螺蝇、赤眼蜂、非洲姬蜂、安塞寄蝇、菜蛾盘绒茧蜂等；捕食性天敌，如猎蝽、草间钻头蛛、七星瓢虫、龟纹瓢虫、异色瓢虫、草蛉和蚂蚁等；生防菌，如真菌、线虫和病原微生物等。凹头小蜂是寄生蛹的优势种，同时，微孢子虫和苏云金杆菌可以引起豆野螟幼虫很高的死亡率。

（4）**药剂防治。**52.5%毒·氯乳油1 000倍

液、20%甲氰菊酯乳油2 000倍液和1.8%阿维菌素乳油5 000倍液对豆野螟具有较好的控制效果。此外，0.2%甲氨基阿维菌素苯甲酸盐乳油800倍液和2.0%阿维菌素乳油2 000倍液对豆野螟也有较好的防效。

2. 豆荚螟

【为害对象】 豆荚螟（*Etiella zinckenella*）属鳞翅目螟蛾科，为害大豆、豇豆、菜豆、扁豆、豌豆等。

【为害特点】 以幼虫蛀荚为害。幼虫孵化后在豆荚上结一白色薄丝茧，从茧下蛀入荚内取食豆粒，造成瘪荚、空荚，也可为害叶柄、花蕾和嫩茎。

【生活习性】 成虫昼伏夜出，白天多躲在豆株叶背、茎上或杂草上，傍晚开始活动，趋光性不强。成虫羽化后当日即能交尾，隔天就可产卵。每荚一般只产1粒卵，少数2粒以上。其产卵部位大多在荚上的细毛间和萼片下面，少数可产在叶柄等处。在大豆上尤其喜产在有毛的豆荚上；在绿肥和豌豆上产卵时多产在花苞和残留的雄蕊内部而不产在荚面。

初孵幼虫先在荚面爬行 1～3 小时，再在荚面吐丝结一白色薄茧（丝囊）躲藏其中，经 6～8 小时，咬穿荚面蛀入荚内。幼虫进入荚内后，即蛀入豆粒内为害，三龄后才转移到豆粒间取食，四至五龄后食量增加，每天可取食 1/3～1/2粒豆，1 头幼虫平均可吃豆 3～5 粒。在一荚内食料不足或环境不适时，可以转荚为害，每头幼虫可转荚为害 1～3 次。豆荚螟为害先在植株上部，渐至下部，一般以上部幼虫分布最多。幼虫在豆荚籽粒开始膨大到荚壳变黄绿色前侵入时，存活显著减少。幼虫除为害豆荚外，还能蛀入豆茎内为害。老熟幼虫咬破荚壳，入土做茧化蛹，茧外粘有土粒，称土茧。

豆荚螟喜干燥，在适温条件下，湿度对其发生的轻重有很大影响，雨量多、湿度大则虫口少，雨量少、湿度低则虫口多；地势高、土壤湿度低的地块比地势低、湿度大的地块为害重。结荚期长的品种较结荚期短的品种受害重，荚毛多的品种较荚毛少的品种受害重，豆科植物连作田受害重。豆荚螟的天敌有豆荚螟甲腹茧蜂、小茧蜂、豆荚螟白点姬蜂、赤眼蜂等，以及一些寄生性微生物。

【绿色防控技术】

(1) **农业防治。**及时清理田园，对落花、落蕾和落荚要及时清理出田外处理，以免转移为害。

(2) **物理防治。**在面积较大的地方，有条件时可安装黑光灯诱杀成虫。

(3) **药剂防治。**在发生的田块中，最好从发现初孵幼虫时即开始喷药，重点是喷蕾、花、嫩荚及落地的花，可选用50%杀螟硫磷乳油300倍液，或20%杀灭菊酯乳油3 000～4 000倍液，或80%氯氰菊酯乳油800倍液，也可喷洒2.5%氟氯氰菊酯乳油2 000～4 000倍液，或2.5%高效氯氟氰菊酯乳油2 000～4 000倍液，或2.5%联苯菊酯乳油2 000～4 000倍液。连喷2～3次，两次喷药的间隔期，春播豇豆以10天、夏播豇豆以7天为宜。

3. 银纹夜蛾

【为害对象】银纹夜蛾（*Autographa nigrisigna* Walker）属鳞翅目夜蛾科，为害甘蓝、花椰菜、白菜、萝卜等十字花科蔬菜，以及豆类蔬菜和莴苣、茄子、胡萝卜等。

【为害特点】幼虫食叶，将菜叶吃成孔洞或缺刻，并排泄粪便污染菜株。一至二龄幼虫有群集性，常数十头隐居于叶背啃食叶肉，三龄后分散，为害加剧，常爬到植株上部，将叶片、嫩尖、花蕾、嫩荚全部吃光，有时钻蛀到荚里为害籽粒，有假死性。

【生活习性】成虫白天可以活动，尤以午后活动最盛，趋光性不强，卵产于菜叶背面，3～6粒1堆。初孵化幼虫群集叶背取食叶肉，剩下表皮，能吐丝下垂，三龄后分散为害，食量渐大。幼虫有假死性，抗药力弱。老熟幼虫在叶上做白色薄茧化蛹。该虫在中国北方地区1年发生2～3代，浙江1年发生5代，第二至四代主要为害大豆，7～9月为发生盛期，以蛹越冬。成虫具趋光性，卵散产或成块产于叶背，幼虫6～10月为害豌豆、大豆、甘蓝、白菜、莴苣、向日葵等作物叶片，吃成孔洞，老熟幼虫在植株上结薄茧化蛹。银纹夜蛾生长发育适宜温度为15～35℃，最适温度20～30℃，相对湿度60%～80%。夏、秋季节少雨的年份一般发生严重。

【绿色防控技术】

(1) **农业防治。**及时清除田间落叶，消灭虫蛹。利用幼虫的假死性，可摇动植物，使幼虫掉在地面上集中消灭。

(2) **物理防治。**用黑光灯可杀死大量银纹夜蛾成虫，使虫害率下降。

(3) **生物防治。**在幼虫发育的一至二龄期，喷施苏云金杆菌或Bt乳剂，每克含活孢子量100亿个以上。加水至800～1 000倍液防治，在气温20 ℃以上时防治效果良好。

(4) **药剂防治。**幼虫三龄期以前喷药防治。首选无公害农药如25%灭幼脲3号悬浮剂500～1 000倍液。也可选用10%吡虫啉乳油1 500倍液，或2.5%氟氯氰菊酯乳油3 000～4 000倍液，或10%联苯菊酯乳油6 000～8 000倍液，或21%增效氰·马乳油3 000～4 000倍液，或40%氰戊菊酯·马拉硫磷乳油2 000～3 000倍液。每隔10～15天喷1次，连续1～2次。

4. 豆卷叶螟

【为害对象】豆卷叶螟（*Lamprosema indicata* Fabricius）属鳞翅目螟蛾科，为害大豆、豇

豆、菜豆、扁豆、绿豆、赤豆等豆科作物。

【为害特点】幼虫取食造成缺刻或穿孔，后将叶片卷成筒状，尤以开花结荚盛期为害严重；后期可蛀食豆荚和豆粒，发生严重时严重影响产量。

【生活习性】长江以南发生较重，在浙江1年发生2～3代，南方地区1年发生4～5代，以蛹在残株落叶内越冬。浙江常年约在5月上中旬羽化，8～10月为发生盛期，11月前后以老熟幼虫在残株落叶内化蛹越冬。成虫夜出活动，具趋光性，雌蛾喜生长茂密的豆田产卵，卵散产于叶背，每雌产卵平均在40～70粒，幼虫孵化后即吐丝卷叶或缀叶潜伏在卷叶内取食，老熟后可在其中化蛹，亦可在落叶中化蛹。该虫适宜生长发育温度为18～37℃，最适环境条件为温度22～34℃，相对湿度75%～90%。卵期4～7天，幼虫期8～15天，蛹期5～9天，成虫寿命7～15天。

【绿色防控技术】

（1）**农业防治。**作物采收后及时清除田间的枯枝落叶，在幼虫发生期结合农事操作，人工摘除卷叶。

(2) **药剂防治。**在各代发生期，有1%～2%的植株有卷叶为害时开始防治，隔7～10天防治1次，药剂可选用16 000国际单位/毫克Bt可湿性粉剂600倍液，或1%阿维菌素乳油1 000倍液，或2.5%溴氰菊酯乳油3 000倍液等，也可在防治豆荚螟时兼治。

5. 豆蚜

【为害对象】豆蚜（*Aphis glycines*）属同翅目蚜科，为害菜心、油菜、大豆、豇豆、菜豆、扁豆、绿豆、赤豆等作物。

【为害特点】吸食嫩枝叶的汁液，受害植株常幼叶卷缩，根系发育不良，生长停滞，结果枝和结荚数减少，产量降低。此蚜还能传带芝麻花叶病毒和甜菜花叶病毒等植物病毒。豆蚜分为有翅蚜和无翅蚜，有翅蚜迁飞性强，为害严重，生产中应对发病地块及周边地块群防群治，以控制病情，减少暴发概率。豆蚜为害寄主常群集于嫩茎、幼芽、顶端嫩叶、心叶、花器及荚果处吸取汁液。受害严重时，植株生长不良，叶片卷缩，影响开花结实。又因该虫大量排泄蜜露，而引起煤污病，使叶片表面铺满一层黑色霉菌，影响光合作用，使结荚减少，千粒重下降。

【生活习性】豆蚜在长江流域1年发生20代以上，冬季以成蚜、若蚜在蚕豆、冬豌豆等豆科植物心叶或叶背处越冬。常年，当月平均温度8～10℃时，豆蚜在冬寄主上开始正常繁殖。4月下旬至5月上旬，成蚜、若蚜群集于留种作物嫩梢、花序、叶柄、荚果等处繁殖为害；5月中下旬以后，随着植株的衰老，产生有翅蚜迁向夏、秋刀豆、豇豆、扁豆等豆科植物上寄生繁殖；10月下旬至11月，随着气温下降和寄主植物的衰老，又产生有翅蚜迁向紫云英、蚕豆等冬寄主上繁殖并在其上越冬。

豆蚜对黄色有较强的趋性，对银灰色有忌避习性，且具较强的迁飞和扩散能力，在适宜的环境条件下，每头雌蚜寿命可长达10天以上，平均胎生若蚜100多头。全年有两个发生高峰期，分别为春季5～6月、秋季10～11月。

适宜豆蚜生长、发育、繁殖的温度范围为8～35℃；最适环境温度为22～26℃，相对湿度60%～70%。在12～18℃下若虫历期10～14天；在22～26℃下，若虫历期仅4～6天。

【绿色防控技术】

(1) **农业防治。** 及时铲除田边、沟边、塘边杂草，减少虫源。

(2) **物理防治。** 利用银灰色膜避蚜，利用蚜虫对黄色的趋性，采用黄板诱杀。

(3) **生物防治。** 利用瓢虫、草蛉、食蚜蝇、小花蝽、烟蚜茧蜂、菜蚜茧蜂、蚜小蜂、蚜霉菌等控制蚜虫。

(4) **药剂防治。** 蚜虫发生量大时，农业防治和天敌不能控制时，要在苗期或蚜虫盛发前防治，当有蚜株率达 10%或平均每株有虫 3～5 头时，即应防治。提倡选用 1%苦参碱可溶性液剂 1 200 倍液或 5%天然除虫菊素乳油 1 000 倍液、2.5%鱼藤酮乳油 500～600 倍液、10%吡虫啉可湿性粉剂 2 000 倍液、1%阿维菌素乳油 1 500 倍液、70%吡虫啉水分散粒剂 10 000 倍液、5%增效抗蚜威液剂 2 000 倍液、2.5%联苯菊酯乳油 3 000倍液。抗蚜威有利于保护天敌，但由于蚜虫易产生抗药性，应注意轮换使用。

6. 豌豆潜叶蝇

【为害对象】 豌豆潜叶蝇（*Phytomyza hor-*

ticola Gourean）属双翅目潜叶蝇科，有 130 多种寄主植物，在蔬菜上主要为害豌豆、蚕豆、茼蒿、芹菜、白菜、萝卜和甘蓝等。

【为害特点】以幼虫潜入寄主叶片表皮下，曲折穿行，取食绿色组织，造成不规则的灰白色线状隧道。为害严重时，叶片组织几乎全部受害，叶片上布满蛀道，尤以植株基部叶片受害最重，甚至枯萎死亡。幼虫也可潜食嫩荚及花梗。成虫还可吸食植物汁液，使被吸处成小白点。

【生活习性】寄主复杂，据福建报道有 21 科 77 属 137 种植物，除为害草坪外，以十字花科的油菜、大白菜、雪里蕻等，豆科的豌豆、蚕豆，菊科的茼蒿及伞形科的芹菜受害为最重，在河北、山东、河南及北京郊区主要为害豌豆、油菜、甘蓝、结球甘蓝和小白菜以及杂草苍耳等。1 年发生 4～18 代，世代重叠。淮河以北地区以蛹在被害叶片内越冬，淮河秦岭以南至长江流域以蛹越冬为主，少数幼虫和成虫也可越冬，华南地区可在冬季连续发生，各地均从早春起，虫口数量逐渐上升，春末夏初为害猖獗。成虫白天活动，吸食花蜜、善飞、会爬行、趋化性强。成虫喜欢产卵于嫩叶背面的边缘，先刺破表皮，然后进行产卵。每头雌虫可产卵50～100粒，卵单粒散生。卵期在春季为10天左右，夏季为4～5天。卵孵化后，在叶片内潜食为害，幼虫共3龄，幼虫期一般为5～15天，老熟幼虫在叶片内化蛹，蛹期为10～20天。温度对豌豆潜叶蝇发育影响较大，一般成虫的适宜温度为16～18℃，幼虫以20℃左右为宜，高温对豌豆潜叶蝇的发育不利，夏季气温高于35℃时幼虫会出现停止生长、化蛹越夏现象，秋天再开始为害。

【绿色防控技术】

（1）**农业防治。**早春及时清除田间、田边杂草；蔬菜收获后及时进行田园清洁，以减少下代及越冬的虫源基数。

（2）**生物防治。**大棚或温室内，在卵期释放天敌豆潜叶蝇姬小蜂。

（3）**药剂防治。**在成虫产卵盛期或孵化初期，用20%氰戊菊酯乳油300倍液，或50%辛硫磷乳油1000倍液，或25%灭幼脲悬浮剂2000倍，或50%环丙氨嗪粉剂1000～2000倍液喷雾防治，每隔7天用药1次，连续用药2～3次效果较好。注意在采收前10～15天停止用药。

7. 朱砂叶螨和二斑叶螨

【为害对象】 朱砂叶螨（*Tetranychus cinnabarinus*）和二斑叶螨（*Tetranychus urticae*）均属蛛形纲真螨目叶螨科。可为害的植物有32科113种，其中蔬菜18种，主要有茄子、辣椒、西瓜、豆类、葱和苋菜等。

【为害特点】 朱砂叶螨主要以成螨和幼螨在寄主叶背吸食汁液，使叶面产生白色点状斑。盛发期在茎、叶上形成一层薄丝网，使植株生长不良，严重时导致整株死亡。

二斑叶螨主要寄生在叶片的背面取食，刺穿细胞，吸取汁液，受害叶片先从近叶柄的主脉两侧出现苍白色斑点，随着为害的加重，可使叶片变成灰白色至暗褐色，抑制光合作用的正常进行，严重者叶片焦枯，提早脱落。另外，该螨还释放毒素或生长调节物质，引起植物生长失衡，以致有些幼嫩叶呈现凹凸不平的受害状，大发生时树叶、杂草、农作物叶片一片焦枯现象。二斑叶螨有很强的吐丝结网集合栖息特性，有时结网可将全叶覆盖起来，并罗织到叶柄，甚至细丝还可在树株间搭接，螨顺丝爬行扩散。

【生活习性】朱砂叶螨幼螨和前期若螨不甚活动。后期若螨则活泼贪食，有向上爬的习性。先为害下部叶片，而后向上蔓延。繁殖数量过多时，常在叶端群集成团，滚落地面，被风刮走，向四周爬行扩散。朱砂叶螨发育起点温度为7.7～8.5 ℃，最适温度为25～30 ℃，最适相对湿度为35%～55%，因此高温低湿的6～7月为害重，尤其干旱年份易于大发生。但温度达30 ℃以上和相对湿度超过70%时，不利其繁殖，暴雨有抑制作用。

二斑叶螨在南方1年发生20代以上，在北方1年发生12～15代。在北方以受精的雌成虫在土缝、枯枝落叶下或小旋花、夏至草等宿根性杂草的根际等处吐丝结网潜伏越冬。在树木上则在树皮下，裂缝中或在根颈处的土中越冬。当3月候平均温度达10 ℃左右时，越冬雌虫开始出蛰活动并产卵。越冬雌虫出蛰后多集中在早春寄主如小旋花、葎草及菊科、十字花科等杂草和草莓上为害，第一代卵也多产在这些杂草上，卵期10余天。成虫开始产卵至第一代幼虫孵化盛期需20～30天，以后世代重叠。二斑叶螨猖獗发生期持续的时间较长，一般年份可持续到8月中旬前后。10月后陆续出现滞育个体，但如此时温度超出25℃，滞育个体仍然可以恢复取食，体色由滞育型的红色再变回到黄绿色，进入11月后均滞育越冬。二斑叶螨营两性生殖，受精卵发育为雌虫，不受精卵发育为雄虫。喜群集叶背主脉附近并吐丝结网于网下为害，大发生或食料不足时常千余头群集于叶端成一虫团。

【绿色防控技术】

(1) **农业防治。**早春越冬螨出蛰前，刮除树干上的翘皮、老皮，清除果园里的枯枝落叶和杂草，集中深埋或烧毁，消灭越冬雌成螨；春季及时中耕除草，特别要清除阔叶杂草，及时剪除树根上的萌蘖，消灭其上的叶螨。合理灌溉和施肥，促进植株健壮生长，增强抗虫能力。

(2) **生物防治。**有条件的地方可保护或引进释放有效天敌，如长毛钝绥螨、德氏钝绥螨、异绒螨、塔六点蓟马和深点食螨瓢虫等。当田间的益害比为1：(10～15) 时，一般在6～7天后，害螨将下降90%以上。

(3) **药剂防治。**常用药剂有20%三唑锡悬浮剂1 500倍液、5%唑螨酯乳油2 500倍液、5%噻螨酮乳油2 000倍液、20%双甲脒乳油1 200倍液、10%浏阳霉素乳油1 000倍液、5%增效浏阳霉素1 000倍液、1.8%阿维菌素乳油6 000倍液、40%菊·杀乳油2 000～3 000倍液。

8. 烟粉虱

【为害对象】烟粉虱（*Bemisia tabaci*）属同翅目粉虱科，俗称小白蛾，为害多种蔬菜，如番茄、黄瓜、西葫芦、茄子、豆类、十字花科蔬菜以及果树、花卉、棉花等作物，还能寄生于多种杂草上。

【为害特点】烟粉虱以成虫、若虫刺吸植株汁液为害，造成植株长势衰弱，产量和品质下降，甚至整株死亡，并可传播30种植物上的70多种病毒病，还分泌蜜露，造成严重的煤污病，使蔬菜失去商品价值。

【生活习性】烟粉虱对不同的植物表现出不同的为害状，叶菜类如甘蓝、花椰菜受害叶片萎缩、黄化、枯萎；根菜类如萝卜受害表现为颜色白化、无味、重量减轻；果菜类如番茄受害，果实不均匀成熟。烟粉虱有多种生物型。在棉花、大豆等作物上，烟粉虱在寄主植株上的分布有逐渐由中、下部向上部转移的趋势，成虫主要集中在下部，从下到上，卵及一至二龄若虫的数量逐渐增多，三至四龄若虫及蛹壳的数量逐渐减少。

【绿色防控技术】

（1）**农业防治。**烟粉虱喜欢取食、生存在叶片背面绒毛较为丰富的作物上，如大豆、棉花、瓜茄类等，而不喜食叶片光滑、无毛的植物，如芹菜、生菜、韭菜等。因此，可在蔬菜虫源田附近栽培烟粉虱不喜食的蔬菜品种，从越冬环节、扩散环节等切断烟粉虱的自然生活史。大棚内避免黄瓜、番茄、西葫芦混栽，提倡与芹菜、葱、蒜接茬，做到在栽培农艺上控虫。

种植前和收获后要清除田间杂草及残枝落叶（并做好棚室的熏杀残虫工作）；及时整枝打杈，摘除有虫的老叶、黄叶，加以销毁。

苗床与生产地（大棚、温室）要分开；对培育的或引进的秧苗要严格检查，防止有虫苗进入生产地。

（2）**物理防治。**利用烟粉虱对黄色有强烈趋性的特点，在棚室内设置黄板诱杀成虫（每亩放置30厘米×20厘米黄板8～10块）。于烟粉虱发生初期（尤其在大棚揭膜前），将黄板涂上机油黏剂（一般7天重涂1次），均匀悬挂在作物上方，黄板底部与植株顶端相平或略高些。利用烟粉虱对银灰色有驱避性的特点，可用银灰色驱虫网作门帘，防止秋季烟粉虱进入大棚和春季迁出大棚。

（3）**生物防治。**丽蚜小蜂是烟粉虱的有效天敌，许多国家通过释放该蜂，并配合使用高效、低毒、对天敌较安全的杀虫剂，有效地控制烟粉虱的大发生。在我国推荐使用方法如下：在保护地作物定植后，即挂诱虫黄板监测，发现烟粉虱成虫后，每天调查植株叶片，当平均每株有粉虱成虫0.5头左右时，即可第一次放蜂，每隔7～10天放蜂1次，连续放3～5次，放蜂量以蜂虫比为3∶1为宜。放蜂的保护地要求白天温度能达到20～35℃，夜间温度不低于15℃，具有充足的光照。可以在蜂处于蛹期时（也称黑蛹）时释放，也可以在蜂羽化后直接释放成虫。如放黑蛹，只要将蜂卡剪成小块置于植株上即可。

（4）药剂防治。作物定植后，应定期检查，当虫口较多时（黄瓜、茄上部叶片每叶 50～60 头成虫，番茄、豆类上部叶片每叶 5～10 头成虫作为防治指标），要及时进行药剂防治。每公顷可用 99%矿物油乳油 1～2 千克，植物源杀虫剂 6%烟百素乳油、40%阿维·敌敌畏乳油、10%灭幼酮乳油、50%辛硫磷乳油 750 毫升，25%灭幼酮可湿性粉剂 500 克，10%吡虫啉可湿性粉剂 375 克，1.8%阿维菌素乳油、2.5%联苯菊酯乳油、2.5%氟氯氰菊酯乳油 250 毫升，25%噻虫嗪水分散粒剂 180 克，加水 750 升喷雾。

9. 花蓟马

【为害对象】花蓟马（*Frankliniella intonsa*）属缨翅目蓟马总科，为害棉花、甘蔗、稻、豆类及多种蔬菜。

【为害特点】成虫、若虫多群集于花内取食为害，花器、花瓣受害后白化，经日晒后变为黑褐色，为害严重的花朵萎蔫。叶受害后呈现银白色条斑，严重的枯焦萎缩。

【生活习性】在南方 1 年发生 11～14 代，在华北、西北地区 1 年发生 6～8 代。在 20 ℃恒温条件下完成1代需20～25天。以成虫在枯枝落叶层、土壤表皮层中越冬。翌年4月中下旬出现第一代。10月下旬、11月上旬进入越冬代。10月中旬成虫数量明显减少。该蓟马世代重叠严重。成虫寿命春季为35天左右，夏季为20～28天，秋季为40～73天。雄成虫寿命较雌成虫短。雌雄比为1∶(0.3～0.5)。成虫羽化后2～3天开始交配产卵，全天均进行。卵单产于花组织表皮下，每雌可产卵77～248粒，产卵历期长达20～50天。每年6～7月、8～9月下旬是该蓟马的为害高峰期。

【绿色防控技术】

（1）**农业防治。**蓟马把卵产在植株组织里，对杀虫剂易产生抗性，防治较困难。生产上应从铲除田间杂草，消灭越冬寄主上的虫源入手，避免蓟马向蔬菜的花上转移。气候干旱时，采用浇跑马水的方法灌溉。

（2）**物理防治。**使用防虫网或遮阳网可减少受害。

（3）**生物防治。**注意保护利用天敌。如小花蝽、中华微刺盲蝽等。

(4) **药剂防治。**定苗后百株有虫15～30头或真叶前百株有虫10头、真叶后百株有虫20～30头时，喷洒50%辛硫磷乳油35%伏杀硫磷乳油1 500倍液、10%溴虫腈乳油2 000倍液、1.8%阿维菌素4 000倍液、35%溴氰菊酯乳油2 000倍液。此外可选用2.5%氟氯氰菊酯乳油2 000～2 500倍液或10%吡虫啉可湿性粉剂2 000倍液、44%氯氰菊酯·克虫磷乳油30毫升对水60千克喷雾。花期药剂防治首选鱼藤酮800倍液、10%吡虫啉可湿性粉剂1 000倍液、25%吡·辛乳油1 500倍液或10%氯氰菊酯乳油2 000倍液。

10. 双线盗毒蛾

【为害对象】双线盗毒蛾［*Porthesia scintillans* (Walker)］属鳞翅目毒蛾科。寄主植物广泛，为害龙眼、荔枝、玉米、棉花、豆类等。

【为害特点】幼虫食害叶、豆荚、果实，严重时叶片仅剩网状叶脉，豆荚和果实呈缺刻或孔洞，影响产量和质量。

【生活习性】成虫在傍晚或夜间羽化，成虫夜出，白天栖息在叶背，雌成蛾产卵在叶背，卵半球形，黄色，呈块状，上盖黄色茸毛。初孵幼虫有群集性，食叶下表皮和叶肉，三龄后分散为害豇豆荚或瓜果成孔洞。此虫在福建 1 年发生 3～4 代。在广西西南部 1 年发生 4～5 代，以幼虫越冬，但冬季气温较暖时，幼虫仍可取食活动。成虫于傍晚或夜间羽化，有趋光性。卵产在叶背或花穗枝梗上。初孵幼虫有群集性，在叶背取食叶肉，残留上表皮；二至三龄分散为害，常将叶片咬成缺刻、穿孔，或咬坏花器，或咬食刚谢花的幼果。老熟幼虫入表土层结茧化蛹。

【绿色防控技术】

（1）**农业防治。**结合中耕除草和冬季清园，及时清除田间残株落叶，集中深埋或烧毁；适当翻松园土，杀死部分虫蛹；也可结合疏梢、疏花，捕杀幼虫；合理密植，使田间通风透光，可减少为害。

（2）**药剂防治。**幼虫三龄前喷 25%灭幼脲悬浮剂 500～600 倍液，或 50%辛硫磷乳油 1 000 倍液，或 10%吡虫啉水分散粒剂 1 500 倍液。采收前 7 天停止用药。

第三部分 豆类蔬菜全生育期常见病虫害综合防治技术

【苗期】豆类蔬菜在冬、春季蔬菜育苗过程中，苗期主要发生的病害有猝倒病、立枯病、灰霉病、炭疽病等，在夏、秋季蔬菜育苗过程中，苗期主要发生的病害有病毒病、炭疽病、菌核病。苗期害虫主要有蚜虫和地下害虫。

通常采取的综合防治技术措施如下：

（1）**苗床地的选择。**苗床地应选择地势高、排水通畅、土质疏松肥沃的无病地块。冬、春季育苗苗床最好避风向阳，夏、秋季蔬菜育苗和南菜北运基地育苗苗床最好选择易通风散热的地块。

（2）**苗床土和肥料的选择。**床土最好选用无病新土，旧床土和旧菜园土很可能会带菌，通常应进行床土消毒，目前使用最普遍的方法是每平方米苗床施用50%多菌灵可湿性粉剂或50%甲基硫菌灵可湿性粉剂5克，对细土5千克拌匀，施药前苗床先浇底水，一次性浇透，水渗下后，取1/3充分拌匀的药土撒于畦面，播种后将其剩余2/3药土盖在种子上面，种子夹在药土中间，对苗期猝倒病和立枯病有很好的效果。

（3）**种子消毒。**用种子重量0.1%的60%多菌灵盐酸盐超微粉剂浸种50～60分钟，捞出后冲洗干净催芽，有利于出苗及防治苗期菌核病和炭疽病，用种子重量0.4%的克菌丹拌种可预防猝倒病和立枯病。

（4）**加强苗床管理。**夏、秋季提倡防虫，遮阳避雨育苗，尽量减少育苗过程中不良天气的影响。冬、春季育苗应采取防冻保温措施，适时加盖覆盖物，降低土壤湿度。加强苗床检查，发现病毒病、灰霉病、菌核病、立枯病等零星病株时应及时去除，通过减少菌源达到控制病害蔓延的目的。

（5）**药剂防治。**发病初期用15%噁霉灵水剂400倍液，50%甲基硫菌灵可湿性粉剂500倍液，60%多菌灵盐酸盐超微粉600倍液，晴天上午喷雾对猝倒病和炭疽病有较好的防治效果。用58%甲霜·锰锌可湿性粉剂800倍液，25%甲霜灵可湿性粉剂600倍液喷雾，对苗期立枯病防治效果较好。对苗期灰霉病和菌核病，可采用50%腐霉利可湿性粉剂1 000倍液或30%乙烯菌核利可湿性粉剂200倍液，晴天上午喷雾效果较好。15%腐霉利烟剂250克/亩对猝倒病、立枯病防治效果较好。视病情7～10天喷1次，连续2～3次。

防治蚜虫是预防病毒病发生的关键措施，目前防蚜虫较好的药剂有90%灭多威可溶性粉剂2 000倍液，10%虫螨腈悬浮剂2 000倍液，10%吡虫啉可湿性粉剂1 500倍液，50%抗蚜威可湿性粉剂1 500倍液喷雾，7～14天喷1次，连续2～3次。

地下害虫的防治用50%辛硫磷乳油每亩200～250克，加水10倍喷于25～30千克细土上拌匀制成毒土，顺垄条施，随即浅锄；或将该毒土撒于种沟或地面，随即翻耕或混入肥料中使用；或用5%辛硫磷颗粒剂、15%毒死蜱颗粒剂1.2～1.6千克和5%二嗪磷颗粒剂每亩2.5～3

千克处理土壤，也可以喷洒48%毒死蜱乳油200倍液、50%辛硫磷乳油800倍液。

【开花期】 豆类蔬菜开花期病害主要有细菌性疫病、炭疽病、锈病、病毒病等。豆类蔬菜开花期害虫主要有豆荚螟、蚜虫、夜蛾类、潜叶蝇、蓟马等。

防治方法主要有：

(1) **农业防治。** 摘除老叶病叶并销毁。蚜虫老龄若虫，多分布于下部叶片，适当摘除部分老叶，深埋或烧毁以减少种群数量。避免与豆科植物连作，可与水稻等轮作，豆科绿肥在结荚前翻耕沤肥，种子绿肥及时收割，尽早运出田地，减少田间越冬幼虫的数量。

(2) **生物防治。** 释放七星瓢虫、龟纹瓢虫、中华草蛉、食蚜蝇、蚜茧蜂、大草蛉等蚜虫的天敌，于豆荚螟产卵期释放赤眼蜂，对豆荚螟的防治效果可达80%以上；老熟幼虫入土前，田间湿度高，可施用白僵菌粉剂，减少化蛹幼虫的数量。

(3) **物理防治。** 黄色对蚜虫有强烈的诱集作用。在蔬菜田设置黄板，涂上一层黏剂，每亩用

32～34块黄板，诱集效果显著。

（4）**药剂防治。**发病初期喷50％多菌灵可湿性粉剂600倍液或70％代森锰锌可湿性粉剂400倍液，7～10天喷1次，连续2～3次；发病后用25％三唑酮可湿性粉剂2 000倍液或40％敌唑酮可湿性粉剂4 000倍液和33％三唑酮·锰锌可湿性粉剂1 000倍液，还可选用80％代森锰锌可湿性粉剂800倍液，53％精甲霜灵·锰锌水分散粒剂600倍液和72％霜脲·锰锌可湿性粉剂800倍液，20天喷施1次，连续2～3次。

在豆荚螟成虫盛发期和卵孵化盛期，用90％敌百虫晶体700～1 000倍液或20％杀灭菊酯3 000～4 000倍液喷雾，隔7～10天喷1次，连续2～3次。

蚜虫以药剂防治为主，常用药剂有40％乐果乳油1 500倍液、10％吡虫啉可湿性粉剂1 000倍液，也可用50％抗蚜威可湿性粉剂2 000～3 000倍液、2.5％溴氰菊酯乳油或50％灭蚜松乳油1 000～1 500倍液。

夜蛾类幼虫三龄期以前喷药防治。首选无公害农药如25％灭幼脲3号悬浮剂500～1 000倍液。也可选用 10%吡虫啉乳油 1 500 倍液，或 2.5%氟氯氰菊酯乳油 3 000～4 000 倍液，或 10%联苯菊酯乳油 6 000～8 000 倍液，或 21%增效氰·马乳油 3 000～4 000 倍液，或 40%氰戊菊酯·马拉硫磷乳油 2 000～3 000 倍液。每隔 10～15 天喷 1 次，连续 1～2 次。

在成虫产卵盛期或孵化初期，用 20%氰戊菊酯乳油 300 倍液，或 50%辛硫磷乳油 1 000 倍液，或 25%灭幼脲悬浮剂 2 000 倍，喷雾防治，每隔 7 天用药 1 次，连续用药 2～3 次效果较好。注意在采收前 10～15 天停止用药。

花期蓟马类害虫防治药剂首选鱼藤酮 800 倍液、10%吡虫啉可湿性粉剂 1 000 倍液、25%吡·辛乳油 1 500 倍液或 10%氯氰菊酯乳油2 000 倍液。也可喷洒 50%辛硫磷乳油 35%伏杀硫磷乳油 1 500 倍液、10%溴虫腈乳油 2 000 倍液、1.8%阿维菌素乳油 4 000 倍液、35%溴氰菊酯乳油 2 000 倍液。

【结荚期】豆类蔬菜结荚期病害主要有细菌性疫病、炭疽病、锈病、叶斑病、病毒病等。害虫主要有豆荚螟、蚜虫等。防治方法参照开花期。

附表1　豆类蔬菜常见病害防治药剂

作物	防治对象	药剂名称	有效成分用量
菜豆	锈病	10%苯醚甲环唑水分散粒剂	75～125 克/公顷
菜豆	白粉病	400 克/升氟硅唑乳油	45～56.25 克/公顷
菜豆	白粉病	10%氟硅唑水乳剂	60～75 毫升/公顷
豇豆	锈病	40%腈菌唑可湿性粉剂	78～120 克/公顷
豇豆	锈病	70%硫黄・锰锌可湿性粉剂	2 250～3 000 克/公顷
豇豆	锈病	40%腈菌唑可湿性粉剂	88.89～133.33 毫克/千克
豇豆	白粉病	0.4%蛇床子素可溶液剂	5～6.67 毫克/千克
豆类	锈病	75%百菌清可湿性粉剂	1 275～2 325 克/公顷
豆类	锈病	25 克/升嘧菌酯悬浮剂	150～225 克/公顷

（续）

作物	防治对象	药剂名称	有效成分用量
豆类	炭疽病	75%百菌清可湿性粉剂	1 275～2 325 克/公顷
豆类	白粉病	42%苯菌酮悬浮剂	90～180 克/公顷
豆类	白粉病	25%戊唑醇水剂	105～115 克/公顷
豆类	白粉病	25%丙环唑乳油	93.75～131.25 克/公顷
豆类	白粉病	30%氟菌唑可湿性粉剂	67.5～90 克/公顷
豆类	根腐病	25 克/升咯菌腈悬浮种衣剂	每 100 千克种子 15～20 克
豆类	根腐病	2%宁南霉素水剂	18～24 克/公顷（拌种）
豆类	叶斑病	250 克/升吡唑醚菌酯乳油	112.5～150 克/公顷
豆类	叶斑病	80%乙蒜素乳油	5 000 倍液（浸种）
豆类	立枯病	70%噁霉灵干拌种剂	每 100 千克种子 70～140 克（拌种）
豆类	立枯病	20%甲基立枯磷乳油	每 100 千克种子 200～300 克（拌种）
豆类	立枯病	70%敌磺钠可溶粉剂	2 625～5 250 克/公顷

附表1 豆类蔬菜常见病害防治药剂

（续）

作物	防治对象	药剂名称	有效成分用量
豆类	立枯病	50%异菌脲可湿性粉剂	1～2克/米^2（泼浇）
豆类	立枯病	13%井冈霉素水剂	0.1～0.15克/米^2（泼浇）
豆类	线虫病	4 000国际单位/毫克苏云金杆菌悬浮种衣剂	每100千克种子1 250～1 667毫升
豆类	病毒病	20%盐酸吗啉胍可湿性粉剂	703～1 406克/公顷
豆类	病毒病	6%低聚糖素水剂	56～75克/公顷
豆类	病毒病	8%宁南霉素水剂	90～120克/公顷
豆类	病毒病	0.5%葡聚烯糖可溶粉剂	0.75～0.94克/公顷
豆类	病毒病	0.1%大黄素甲醚水剂	0.9～1.5克/公顷
豆类	炭疽病	25%咪鲜胺乳油	250～500毫克/千克
豆类	炭疽病	80%代森锰锌可湿性粉剂	1 995～3 000克/公顷
豆类	炭疽病	70%丙森锌可湿性粉剂	875～1 167毫克/千克
豆类	炭疽病	50%克菌丹可湿性粉剂	937.5～1 406.25克/公顷

（续）

作物	防治对象	药剂名称	有效成分用量
豆类	炭疽病	80%波尔多液可湿性粉剂	1 600～2 667 毫克/千克
豆类	炭疽病	46%氢氧化铜水分散粒剂	230 ～ 306.67 克/千克
豆类	黑斑病	25%丙环唑乳油	93.75～131.25 克/公顷
豆类	黑斑病	10%苯醚甲环唑水分散粒剂	63.75～75 克/公顷
豆类	黑斑病	50%甲基硫菌灵可湿性粉剂	360～450 毫克/千克
豆类	黑斑病	250 克/升醚菌酯悬浮剂	150～225 克/公顷
豆类	黑斑病	3%多抗霉素可湿性粉剂	67～100 毫克/千克
豆类	黑斑病	50%异菌脲可湿性粉剂	975～1 275 克/公顷
豆类	黑斑病	430 克/升戊唑醇悬浮剂	125～150 克/公顷
豆类	黑斑病	30%王铜悬浮剂	900～1 800 倍液
豆类	霜霉病	80%三乙膦酸铝水分散粒剂	2 160 ～ 2 820 克/公顷

附表1 豆类蔬菜常见病害防治药剂

（续）

作物	防治对象	药剂名称	有效成分用量
豆类	霜霉病	80%嘧菌酯水分散粒剂	120～180 克/公顷
豆类	霜霉病	80%烯酰吗啉水分散粒剂	166.7～250 毫克/千克
果蔬类	多种病害	75%百菌清可湿性粉剂	1 125～2 400 克/公顷
豆类	霜霉病	70%丙森锌可湿性粉剂	1 575～2 250 克/公顷
豆类	霜霉病	10%吡唑醚菌酯微乳剂	112.5～150 克/公顷
豆类	霜霉病	50%福美双可湿性粉剂	500～1 000 倍液
豆类	霜霉病	0.5%几丁聚糖水剂	300～500 倍液
豆类	灰霉病	25%嘧霉胺可湿性粉剂	450～562.5 克/公顷
豆类	灰霉病	500 克/升异菌脲悬浮剂	562.5～750 克/公顷
豆类	灰霉病	21%过氧乙酸水剂	441～735 克/公顷
豆类	灰霉病	10%多抗霉素可湿性粉剂	150～210 克/公顷
豆类	灰霉病	25%啶菌噁唑乳油	200～400 克/公顷

（续）

作物	防治对象	药剂名称	有效成分用量
豆类	灰霉病	2 000 亿菌落形成单位/克枯草芽孢杆菌可湿性粉剂	300～450 克/公顷
豆类	灰霉病	0.3%丁子香酚可溶液剂	3.86～5.4 克/公顷
豆类	灰霉病	50%腐霉利可湿性粉剂	300～450 克/公顷
豆类	疫病	40%三乙膦酸铝可湿性粉剂	1 410～2 820 克/公顷
豆类	疫病	75%百菌清水分散粒剂	1 125～1 462.5 克/公顷
豆类	疫病	10%苯醚甲环唑水分散粒剂	100.5～150 克/公顷
豆类	褐斑病	35%三苯基乙酸锡可湿性粉剂	405～452.25 克/公顷
豆类	褐斑病	40%多菌灵悬浮剂	250～500 倍液
豆类	褐斑病	54%百菌清悬浮剂	972～1 458 克/公顷
豆类	褐斑病	50%嘧菌酯水分散粒剂	200～400 克/公顷
豆类	枯萎病	25%咪鲜胺乳油	333～500 毫克/千克
豆类	枯萎病	300 亿芽孢/毫升枯草芽孢杆菌悬浮种衣剂	每 100 千克种子 5 000～10 000 克（种子包衣）

附表1 豆类蔬菜常见病害防治药剂

（续）

作物	防治对象	药剂名称	有效成分用量
豆类	枯萎病	2%春雷霉素可湿性粉剂	200～400毫克/千克
豆类	菌核病	25%咪鲜胺乳油	150～187.5克/公顷
豆类	菌核病	255克/升异菌脲悬浮剂	600～750克/公顷
豆类	菌核病	50%多菌灵可湿性粉剂	1 125～1 500克/公顷
豆类	菌核病	50%腐霉利可湿性粉剂	225～450克/公顷
豆类	菌核病	50%啶酰菌胺水分散粒剂	225～375克/公顷
豆类	线虫病	3%克百威颗粒剂	1 800～2 250克/公顷
豆类	线虫病	10%噻唑磷颗粒剂	2 250～3 000克/公顷
豆类	线虫病	5%涕灭威颗粒剂	2 250～3 000克/公顷
豆类	线虫病	0.5%阿维菌素颗粒剂	225～262.5克/公顷
豆类	线虫病	6%杀螟丹水剂	30～60毫克/千克（浸种）

附表2 豆类蔬菜常见害虫防治药剂

作物	防治对象	药剂名称	有效成分用量
菜豆	豆荚螟	50 克/升虱螨脲乳油	30～37.5 克/公顷
菜豆	豆荚螟	200 克/升氯虫苯甲酰胺悬浮剂	18～36 克/公顷
菜豆	豆荚螟	20%氰戊菊酯乳油	60～120 克/公顷
菜豆	蚜虫	22%噻虫·高氯氟微囊悬浮剂	14.82～22.23 克/公顷
菜豆	蚜虫	18%高氯·敌敌畏乳油	81～108 克/公顷
菜豆	蚜虫	10%氯氰·敌敌畏乳油	45～75 克/公顷
菜豆	美洲斑潜蝇	50%灭蝇胺可溶粉剂	150～225 克/公顷
菜豆	美洲斑潜蝇	20%灭蝇胺可溶粉剂	150～210 克/公顷
菜豆	美洲斑潜蝇	75%灭蝇胺可溶粉剂	168.75～225 克/公顷
菜豆	美洲斑潜蝇	1.8%阿维菌素乳油	6～7.5 克/公顷

（续）

作物	防治对象	药剂名称	有效成分用量
菜豆	美洲斑潜蝇	3.2%阿维菌素乳油	10.8～21.6 克/公顷
菜豆	美洲斑潜蝇	1.8%阿维菌素水乳剂	10.8～21.6 克/公顷
菜豆	美洲斑潜蝇	5%阿维菌素微乳剂	8.1～12.15 克/公顷
菜豆	美洲斑潜蝇	3%阿维菌素可湿性粉剂	3～4.5 克/公顷
菜豆	美洲斑潜蝇	30%灭胺·杀虫单可湿性粉剂	225～337.5 克/公顷
菜豆	美洲斑潜蝇	20%阿维·杀虫单微乳剂	90～180 克/公顷
菜豆	美洲斑潜蝇	31%阿维·灭蝇胺悬浮剂	75～100 克/公顷
菜豆	美洲斑潜蝇	1%阿维·高氯乳油	9～12 克/公顷
菜豆	烟粉虱	99%矿物油乳油	4 455～7 425 克/公顷
菜豆	烟粉虱	50%氟啶虫胺腈水分散粒剂	75～97.5 克/公顷
菜豆	烟粉虱	19%溴氰虫酰胺悬浮剂	120～150 克/公顷
菜豆	烟粉虱	5% d-柠檬烯水溶性液剂	75～93.75 克/公顷

（续）

作物	防治对象	药剂名称	有效成分用量
菜豆	烟粉虱	22.4%螺虫乙酯悬浮剂	72～108克/公顷
菜豆	烟粉虱	20%呋虫胺可溶粉剂	45～60克/公顷
菜豆	烟粉虱	50%噻虫胺水分散粒剂	45～60克/公顷
菜豆	烟粉虱	10%烯啶虫胺水剂	40～66.7毫克/千克
菜豆	烟粉虱	25%噻虫嗪水分散粒剂	26.25～75克/公顷
菜豆	烟粉虱	400亿个/克球孢白僵菌可湿性粉剂	600～900克/公顷
豇豆	美洲斑潜蝇	10%溴氰虫酰胺可分散油悬浮剂	21～27克/公顷
豇豆	蓟马	10%溴氰虫酰胺可分散油悬浮剂	50～60克/公顷
豆类	蓟马	45%马拉硫磷乳油	562.5～750克/公顷
豆类	蓟马	60克/升乙基多杀菌素悬浮剂	9～18克/公顷
豆类	蓟马	25%噻虫嗪水分散粒剂	30～56.25克/公顷
豆类	蓟马	240克/升虫螨腈悬浮剂	72～108克/公顷

附表2 豆类蔬菜常见害虫防治药剂

（续）

作物	防治对象	药剂名称	有效成分用量
豆类	蓟马	200克/升丁硫克百威乳油	187.5～375克/公顷
豆类	蓟马	25克/升溴氰菊酯乳油	7.5～15克/公顷
豆类	蓟马	5%多杀菌素悬浮剂	30～37.5克/公顷
豆类	蓟马	20%啶虫脒可溶液剂	22.5～30克/公顷
豆类	蓟马	5%吡虫啉乳油	36～45毫克/千克
豇豆	卷叶螟	100克/升顺式氯氰菊酯乳油	15～19.5克/公顷
豇豆	蚜虫	1.5%苦参碱可溶液剂	6.75～9克/公顷
豇豆	蚜虫	10%溴氰虫酰胺可分散油悬浮剂	50～60克/公顷
豇豆	蚜虫	50克/升S-氰戊菊酯乳油	7.5～15克/公顷
豇豆	蚜虫	50%抗蚜威水分散粒剂	75～120克/公顷
豇豆	蚜虫	20%氰戊菊酯乳油	30～60克/公顷
豇豆	豆荚螟	14%氯虫·高氯氟微囊悬浮-悬浮剂	22.5～45克/公顷
豇豆	豆荚螟	25%乙基多杀菌素水分散粒剂	45～52.5克/公顷

（续）

作物	防治对象	药剂名称	有效成分用量
豇豆	豆荚螟	10%溴氰虫酰胺可分散油悬浮剂	21～27克/公顷
豇豆	斜纹夜蛾	1%苦皮藤素水乳剂	13.5～18克/公顷
果蔬	红蜘蛛	25克/升高效氯氟氰菊酯乳油	6.25～12.5毫克/千克（常规用量下抑制作用）
果蔬	红蜘蛛	15%哒螨灵乳油	50～67毫克/千克
果蔬	红蜘蛛	1.8%阿维菌素乳油	8.1～10.8克/公顷
果蔬	红蜘蛛	99%矿物油乳油	3 300～6 600毫克/千克
果蔬	红蜘蛛	240克/升螺螨酯悬浮剂	48～60毫克/千克
果蔬	红蜘蛛	30%乙螨唑悬浮剂	16.7～21.4毫克/千克
果蔬	红蜘蛛	0.3%苦参碱水剂	2～6毫克/千克
果蔬	红蜘蛛	43%联苯肼酯悬浮剂	129～193.6克/公顷
果蔬	红蜘蛛	200克/升双甲脒乳油	130～200毫克/千克
果蔬	红蜘蛛	20%甲氰菊酯乳油	67～100毫克/千克
果蔬	红蜘蛛	500克/升丁醚脲悬浮剂	250～500毫克/千克
果蔬	红蜘蛛	5%噻螨酮乳油	25～31.25毫克/千克

参考文献

冯莲，谈倩倩，赵梦洁，等，2012. 豌豆潜叶蝇的生物学特性及防控技术 [J]. 长江蔬菜 (1)：48-49.

傅建炜，陈青，2013. 蔬菜病虫害绿色防控技术手册 [M]. 北京：中国农业出版社.

郭曼霞，汤坤源，2011. 设施蔬菜蓟马的发生特点与防治措施 [J]. 福建农业科技 (5)：72-73.

李好海，王运兵，姚献华，2006. 菜蚜的发生特点及其防治技术 [J]. 河南农业科学 (7)：99.

李建国，肖义芳，赵琼，等，2012. 烟粉虱的发生特点、原因分析及防治技术 [J]. 湖北植保 (3)：45-46，48.

李金堂，默书霞，傅海滨，等，2009. 菜豆炭疽病的识别及防治 [J]. 长江蔬菜 (23)：29.

李跃辉，2005. 瓮安蔬菜作物野蛞蝓的为害特点及防治方法 [J]. 中国植保导刊 (8)：21.

吕佩珂，李明远，吴钜文，等，1992. 中国蔬菜病虫原色图谱 [M]. 北京：农业出版社.

吕佩珂，刘文珍，段半锁，等，1996. 中国蔬菜病虫原色图谱续集［M］. 呼和浩特：远方出版社.

王攀，郑霞林，雷朝亮，等，2011. 豇豆荚螟种群变动影响因子及防治技术研究进展［J］. 植物保护，37（3）：33-38.

王淑荣，2006. 日光温室菜豆灰霉病的发生和无公害防治技术［J］. 北京农业（11）：11.

杨显芳，孔凡彬，2011. 豇豆白粉病的发生规律及综合防治技术［J］. 农技服务，28（7）：1002.

苑战利，付丽，2009. 菜豆细菌性疫病的发生及防治［J］. 北方园艺（3）：159.

张春梅，白和盛，陆玉荣，等，2009. 保护地蔬菜蚜虫生态综合防治技术［J］. 湖北农业科学，48（12）：27-29.

张军，2012. 豫南大豆花叶病毒病的发生及防治［J］. 种业导刊（4）：17-18.

张忠军，2011. 菜田蜗牛发生动态及综合治理对策［J］. 西北园艺（9）：36-37.

赵健，翁启勇，何玉仙，等，2010. 蔬菜病虫害识别与防治［M］. 福州：福建科学技术出版社.

赵青，2012. 豆角锈病防治技术［J］. 吉林农业（4）：24.

郑建秋，2004. 现代蔬菜病虫鉴定与防治手册［M］. 北京：中国农业出版社.

菜豆花叶病毒病症状

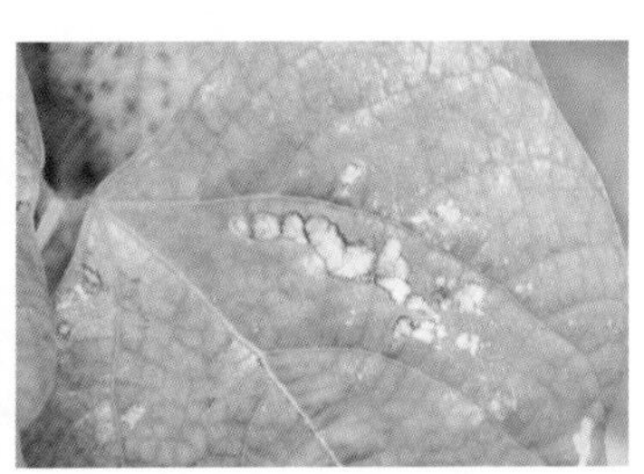
菜豆轮纹病症状

菜豆黑斑病症状

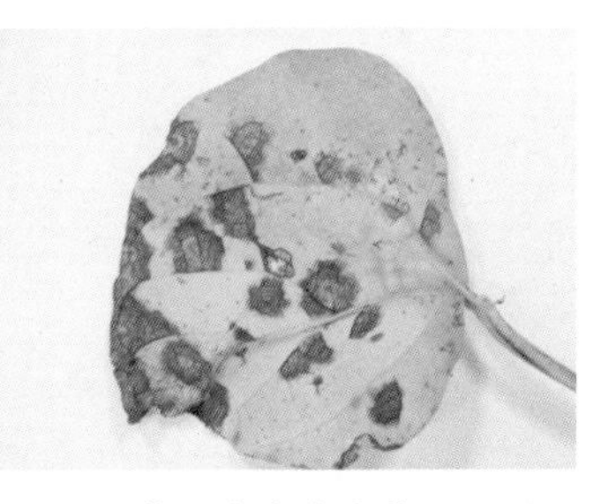
菜豆炭疽病症状

菜豆细菌性疫病症状

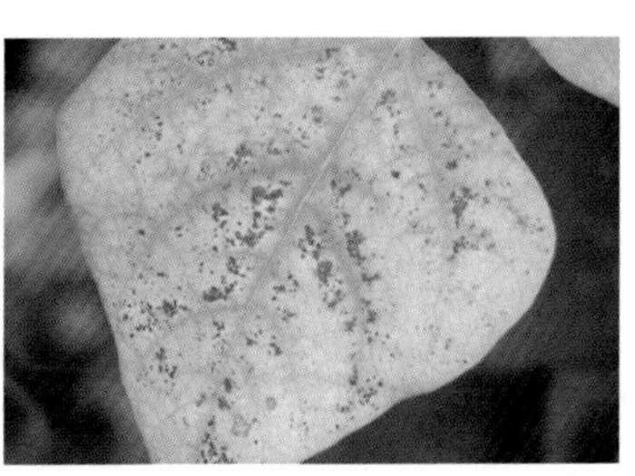
菜豆细菌性角斑病症状

豇豆炭疽病叶片正面症状

豇豆炭疽病叶片背面症状

豇豆病毒病症状

豇豆萎蔫病毒病病荚

豇豆锈病症状

蚕豆病毒病症状

毛豆炭疽病症状

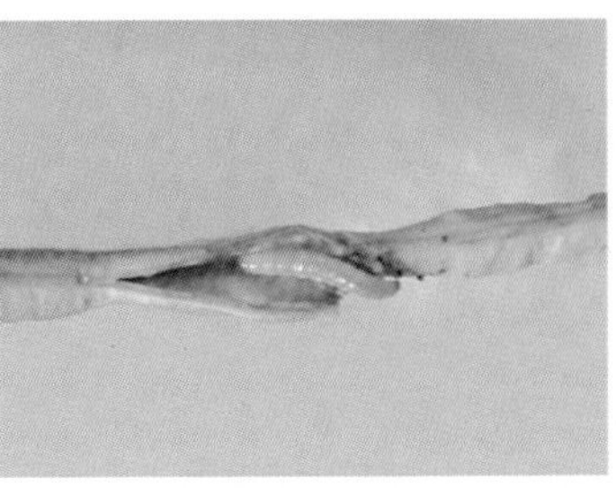

豆荚螟为害状

豆荚螟及为害状

豇豆荚螟蛹

豇豆斑潜蝇为害状

蚜虫及为害状

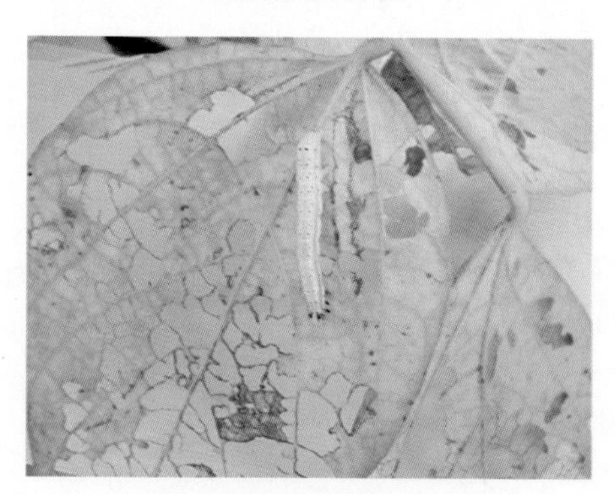

银纹夜蛾幼虫

蓟马成虫